Στα παιδιά της Πίνδου, όπου κι αν βρίσκονται,
στους βοσκούς των κουδονοφόρων νεφών του Σμόλικα,
στους Κουπατσαραίους της Αθήνας και της Θεσσαλονίκης,
στους ναυαγούς των αχαρτογράφητων οριζόντων των Χασίων,
στους δέσμιους των γκρίζων πύργων του Βερολίνου και της Καρλσρούης.

ΠΙΝΔΟΣ - ΓΡΕΒΕΝΑ

© ΕΚΔΟΣΕΙΣ ΚΑΠΟΝ
   Μακρυγιάννη 23-27, Αθήνα 117 42 Τηλ./Fax.: (01) 9235098, 9214089
   www. kaponeditions.gr   e-mail: kapon_ed@otenet.gr

© Νομαρχιακή Αυτοδιοίκηση – ΤΕΔΚ
   Αναπτυξιακή Εταιρεία νομού Γρεβενών

Αθήνα 2001
ISBN 960-7037-06-5

ΤΡΙΑΝΤΑΦΥΛΛΟΣ ΑΔΑΜΑΚΟΠΟΥΛΟΣ - ΠΗΝΕΛΟΠΗ ΜΑΤΣΟΥΚΑ

ΠΙΝΔΟΣ - ΓΡΕΒΕΝΑ

τοπία και χωριά
της γρεβενιώτικης Πίνδου

Νομαρχιακή Αυτοδιοίκηση – ΤΕΔΚ
Αναπτυξιακή Εταιρεία νομού Γρεβενών
ΕΚΔΟΣΕΙΣ Κ ΚΑΠΟΝ

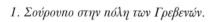

1. Σούρουπο στην πόλη των Γρεβενών.

ΠΡΟΛΟΓΟΣ

Το βιβλίο Πίνδος-Γρεβενά είναι μια έκδοση της Νομαρχιακής Αυτοδιοίκησης Γρεβενών και πραγματοποιή-θηκε σε συνεργασία με την Τοπική Ένωση Δήμων και Κοινοτήτων του νομού.

Κάνοντας το ένα μεγάλο βήμα δύο μικρά, το βιβλίο έχει δύο μέρη. Στο πρώτο μέρος υπάρχει μια εισαγωγή για τα κοινά συστατικά του τοπίου και της μοίρας των ανθρώπων. Ξεκινά με την τοποθέτηση στο φυσικό χώρο, που γίνεται τόσο μέσα από τα αδρά χαρακτηριστικά, όσο και μέσα από την ομορφιά των λεπτομερειών του και συνεχίζει με την επισήμανση των βασικών ιστορικών στοιχείων. Το μέρος αυτό κλείνει με μια συζήτηση γύρω από την πόλη των Γρεβενών μέσα από την οποία αναδύεται συγκλονιστικά το γίγνεσθαι της μικρής αυτής πόλης. Στο δεύτερο μέρος, οι εικόνες και το κείμενο περιδιαβαίνουν όλους τους οικισμούς του νομού, σταθμεύ-οντας στα σημάδια της ανθρώπινης δραστηριότητας, κτίσματα, χωράφια, παλιούς δρόμους και γεφύρια αλλά και στις εκφάνσεις και άυλες ενδείξεις της ζωής κάθε τόπου, επαγγέλματα, μετακινήσεις, συνήθειες και τοπωνύ-μια. Οι δύο αυτές πλευρές της συλλογικής μνήμης εναλλάσσονται και αλληλοσυμπληρώνονται στο χώρο και το χρόνο, καθώς κατεβαίνουμε από τα Βλαχοχώρια προς τους οικισμούς της Δεσκάτης περνώντας από τα χωριά των Κουπατσαραίων, τα Μαστοροχώρια του Βοΐου και τα χωριά των Χασίων, της Φιλουριάς και των Βεντζίων.

Η επιθυμία μας ήταν να κάνουμε ένα λεύκωμα που, πέρα από την προβολή του νομού, να απαντά στην ανά-γκη του ντόπιου για αναγνώριση και συμφιλίωση με το χώρο του, καθώς και στην επιθυμία του ξένου να έρθει σε επαφή με τον απλό και ανεπιτήδευτο τόπο μας. Το αποτέλεσμα εκπλήσσει και προκαλεί. Είναι γνήσιο χωρίς να γίνεται νοσταλγικό και μοντέρνο χωρίς να φοβάται την αναπόληση.

Ευχόμαστε το βιβλίο αυτό να αποτελέσει μια πρόσκληση ή μια ευκαιρία για τον αναγνώστη, Γρεβενιώτη της διασποράς, φίλο της ανθρώπινης περιπέτειας ή απλό ταξιδιώτη, για ένα νέο αντάμωμα με τη γη των Γρεβενών.

Αντώνης Πέτσας

Νομάρχης Γρεβενών

ΠΕΡΙΕΧΟΜΕΝΑ

2. Τελευταίο φως στις ράχες του Βοΐου.

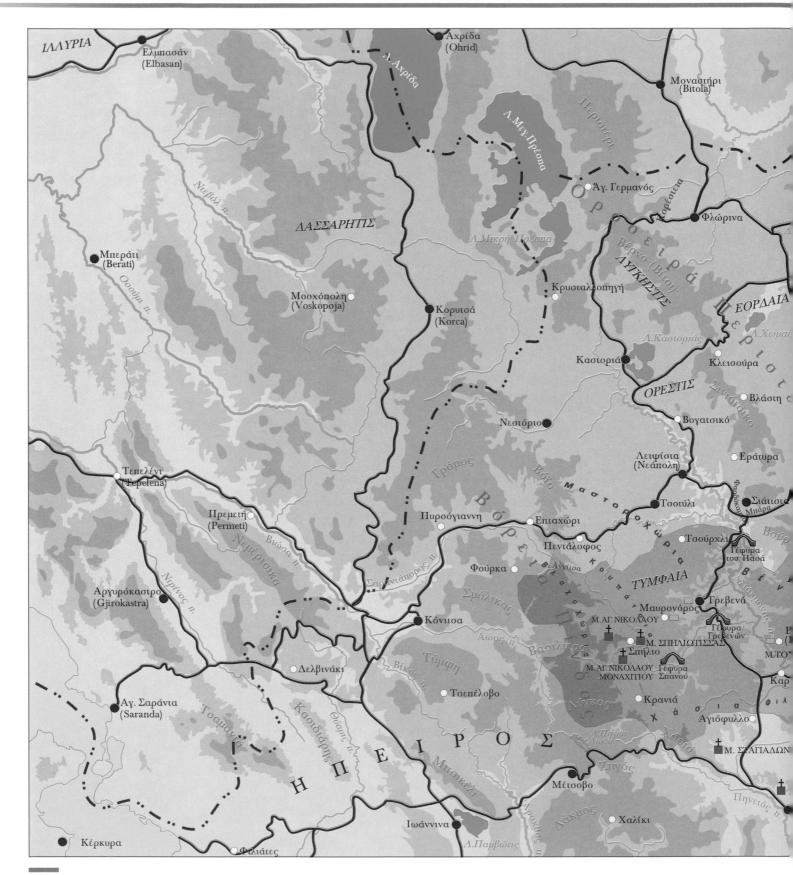

ΙΛΛΥΡΙΑ

Ελμπασάν
(Elbasan)

Αχρίδα
(Ohrid)

Λ.Αχρίδα

Μοναστήρι
(Bitola)

Περιστέρι

Λ.Μεγ.Πρέσπα

Ορέστεια

Αγ. Γερμανός

Φλώρινα

ΔΑΣΣΑΡΗΤΙΣ

Νιεβόλ. π.

Λ.Μικρή Πρέσπα

Βέρνο (Βίτσι)
ΛΥΓΚΗΣΤΙΣ

ΕΟΡΔΑΙΑ

Μπεράτι
(Berati)

Οσούμι π.

Μοσχόπολη
(Voskopoja)

Κορυτσά
(Korca)

Κρυσταλλοπηγή

Λ.Καστοριάς

Καστοριά

Κλεισούρα

Λ.Χειμαδ

Περιστο

ΟΡΕΣΤΙΣ

Σινιάτσικο

Βλάστη

Βογατσικό

Εράτυρα

Νεστόριο

Γράμος

Βόιο
Μαστοροχωρι

Λειψίστα
(Νεάπολη)

Τσοτύλι

Σιάτιστα
Μπάρα

Τεπελένι
(Tepelena)

Πρεμετή
(Permeti)

Νεμέρτσικα

Βιώσα π.

Βόρειο

Πυρσόγιαννη

Σαραντάπορος π.

Επταχώρι

Πεντάλοφος

Αλιάκμων π.

Φούρκα

Αγνάντσα

Κούτσα

ΤΥΜΦΑΙΑ

Τσούρχλι

Γέφυρα
του Πασά

Βούρ

Αργυρόκαστρο
(Gjirokastra)

Νιβίνος π.

Σμόλικας

Βασιλίτσα

Αρχονχωρι

Μαυρονόρος

Γρεβενά

Κόνιτσα

Αώος π.

Μ.ΑΓ. ΝΙΚΟΛΑΟΥ

Μ. ΣΠΗΛΙΩΤΙΣΣΑΣ
Σπήλιο

Γέφυρα
Γρεβενών

Μ.ΤΟ

Δελβινάκι

Βίκος π.

Τύμφη

Μ.ΑΓ. ΝΙΚΟΛΑΟΥ
ΜΟΝΑΧΙΤΟΥ

Γέφυρα
Σπανού

Καρ

Αγ. Σαράντα
(Saranda)

Τσαμαντά

Κασιδιάρης

Θύαμις π.

Τσεπέλοβο

Λύγκος

Κρανιά

Χάσια

Φιλ

Αγιόφυλλο

Λ.Πηγών
Αώου

Μ. ΣΤΑΓΙΑΔΩΝ

ΗΠΕΙΡΟΣ

Μπισκέλι

Μέτσοβο

Ζυγός

Λάκμος

Πηνειός π.

Χαλίκι

Κέρκυρα

Ιωάννινα

Λ.Παμβώτις

Αράχθος π.

Φιλιάτες

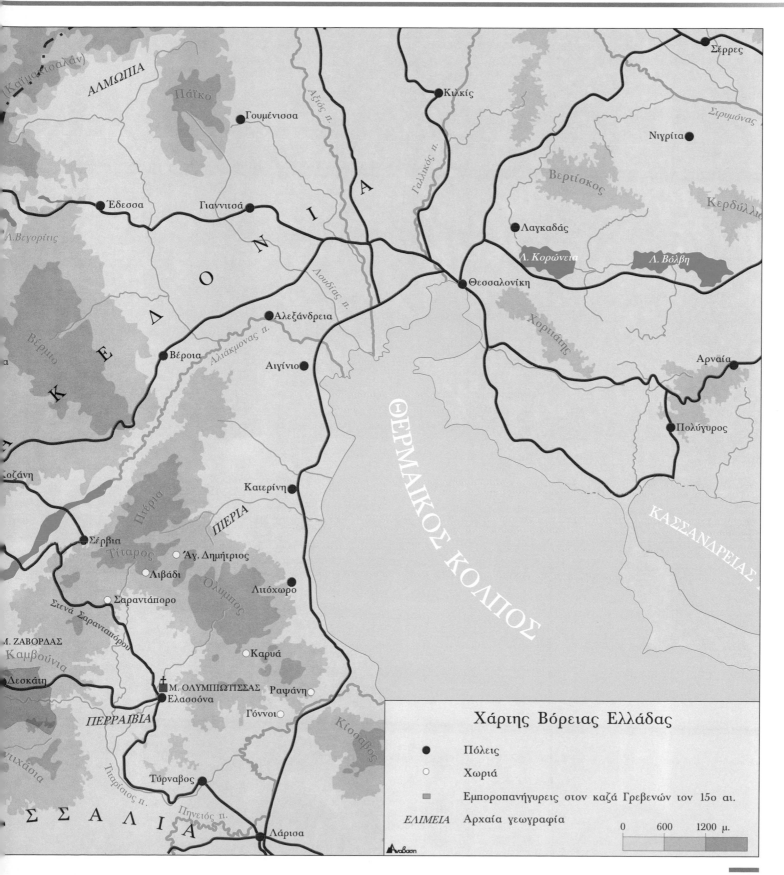

Χάρτης Βόρειας Ελλάδας

● Πόλεις

○ Χωριά

■ Εμποροπανήγυρεις στον καζά Γρεβενών τον 15ο αι.

ΕΛΙΜΕΙΑ Αρχαία γεωγραφία

0   600   1200 μ.

Ανάβαση

Η Πίνδος

Το σκηνικό της ζωής

Για τον ταξιδιώτη που θα πατήσει για πρώτη φορά τις δυτικές εσχατιές της μακεδονικής γης υπάρχει ένα αόρατο κατώφλι πέρα από το οποίο η βόρεια Πίνδος βγαίνει από τις σκιές του μύθου και δημιουργεί τους όρους μιας άλλης πραγματικότητας. Στο άγγιγμα της μεγάλης οροσειράς, οι ευθύγραμμες ρότες των κάμπων λοξοδρομούν μέσα σε ανεξιχνίαστες πτυχώσεις, χάνονται μέσα σε κοιλάδες υποταγμένες στην ομίχλη και καταλήγουν αδύναμες στα διάσελα των μεγάλων βουνών. Εκεί, κάτω από την κυριαρχία των βλοσυρών όγκων, το τοπίο είναι ελάχιστα ομιλητικό για την ιστορία και τις αποφάσεις των λαών που το κατοίκησαν. Στη βόρεια Πίνδο ο ταξιδιώτης δεν θα μπορέσει να καταφύγει στη λογική, δεν θα βρει τις πρόδηλες διαρρυθμίσεις της Ρούμελης ή των νησιών, πλαγιές κατάγραφες με πεζούλες, βουνά γυμνά, ιερά κορυφής και καβοκολώνες, έργα που καθρεφτίζουν τις σκέψεις και τη δράση των ανθρώπων. Θα χρειαστεί πολύ περισσότερο χρόνο, από εκείνον που χαρίζει κανείς συνήθως σε έναν τόπο, για να μάθει την ιστορία των ανθρώπων της Πίνδου. Τα παιδιά αυτά της Βαλκανικής, απότοκοι της στιγμής που η περιπλάνηση σε όλες τις μορφές της –νομάδες, καραβάνια, πρόσφυγες, τσιγγάνοι, στρατεύματα– συνάντησε την εδραία αγροτική ζωή, διαμόρφωσαν υπομονετικά και βίωσαν ήρεμα τη συνύπαρξη του βέβαιου με το απρόοπτο. Ξεχασμένοι πίσω από τα δέντρινα σύνορά τους έμειναν σε μια χαμηλόφωνη συνδιαλλαγή με το χώρο, μετακινώντας τα κοπάδια σύμφωνα με τις υποδείξεις του, χαράζοντας ήσυχα τη γη και θωπεύοντας το δάσος. Μαζί με τους ανώνυμους αυτούς κατοίκους αναδύεται κι ένας ολόκληρος τόπος, η περιοχή των Γρεβενών, που φτάνει στις μέρες μας δίχως τίτλο ή στολίδια χρησιμοποιώντας το ίδιο όνομα για την περιοχή και τη μεγαλύτερη πόλη της.

Δύο μεγάλες παράλληλες οροσειρές οριοθετούν την περιοχή των Γρεβενών: η Πίνδος στα δυτικά, που κυματίζει την αχανή κορυφογραμμή της από την Αλβανία μέχρι τον Κορινθιακό κόλπο και μια δεύτερη οροσειρά, που κατηφορίζει από τον Βαρνούντα για να καταλήξει με τον Βούρινο στην κοιλάδα του Αλιάκμονα. Στα νότια του Βούρινου, υψώνει το μονοκόρυφο όγκο της η Βουνάσα, το δυτικότερο και πιο ψηλό κομμάτι του μεγάλου συγκροτήματος των Καμβουνίων, που απλώνει τις ασβεστολιθικές και κρυσταλλικές πτυχώσεις του μέχρι τον Όλυμπο. Ανάμεσα στις δύο οροσειρές συσσωρεύτηκε η μολάσσα, μάζα πλασμένη από θρύψαλα και ξεφτίδια των μεγάλων βουνών, σαν στρώμα θεραπευτικής αλοιφής

3. *Ανάμεσα στη βόρεια και την κεντρική Πίνδο απλώνεται η λεκάνη των πηγών του Αώου.*

4. *Βασιλίτσα, γραμμές του χιονού και της πέτρας στη Γομάρα.*

5

που επάλειψε ο χρόνος για να επουλώσει τα βαθιά τραύματα που άφησε η τεκτονική δραστηριότητα στην επιφάνεια της γης.

Στο σώμα της Πίνδου είναι αποτυπωμένες οι συγκλονιστικότερες γεωλογικές εμπειρίες του ελλαδικού χώρου. Λάβα της Τηθύος, κοχύλια του Αιγαίου και όλα τα υπόλοιπα υλικά, που συνθέτουν τα πετρώματα της Πίνδου, ξεκόλλησαν κάποτε από τον ωκεανό και ταξίδευαν επί 35 εκατομμύρια χρόνια μέχρι να φτάσουν στη σημερινή τους θέση.

Από τις κορυφές των βουνών κατέβηκαν το νερό και το χιόνι χαράζοντας αναρίθμητες ρεματιές στον οφιόλιθο και τη μολάσσα και γέννησαν την Πραμόριτσα, που κατηφορίζει τα ανατολικά ανάγλυφα του Βοΐου, τον Βενέτικο, που αποστραγγίζει το συγκρότημα της Βασιλίτσας καθώς και τη Σιούτσα, που έρχεται από τα Χάσια. Ο Αλιάκμονας που συνέλεξε όλες αυτές τις απορροές είχε αρχικό προορισμό την κάθοδο στη Θεσσαλία. Ωστόσο το ορεινό φράγμα των Χασίων, κλείνοντας τελείως τη διέξοδο της λεκάνης του, τον ανάγκασε να στραφεί στους ασβεστόλιθους ανάμεσα στη Βουνάσα και τον Βούρινο. Διανοίγοντας το φαράγγι της Ζάβορδας, ο μεγάλος ποταμός μπαίνει στη λεκάνη των Σερβίων, για να χαράξει με τη συνεισφορά των νερών της λεκάνης της Πτολεμαΐδας ένα μακρύ φαράγγι ανάμεσα στα Πιέρια και το Βέρμιο και να βρει επιτέλους το δρόμο για τις ακτές του Αιγαίου.

5. Η μολασσική λεκάνη ανάμεσα στην Πίνδο και τον Βούρινο.

6

Η "Μουσική" της Πίνδου

Όπως το καλύτερο σημείο για να νιώσει κανείς την απεραντοσύνη της θάλασσας είναι η ακτή ενός νησιού, έτσι και για να διαβάσει το ανάγλυφο των βουνών πρέπει να βρεθεί στο ίδιο ύψος με αυτά. Για να αναμετρήσει κανείς το μεγαλείο της Πίνδου πρέπει να σταθεί το λυκαυγές στην κορφή της Βασιλίτσας. Καθώς το μάτι προσπαθεί να συναρμόσει τις μορφές των βουνών που αναδύονται στο πρωινό φως, έχει κανείς την εντύπωση ότι άνοιξε μια κρυφή πόρτα πίσω από μια μεγάλη ορχήστρα, στη μέση της συναυλίας. Πριν η σαγήνη της μουσικής τον συνεπάρει, προλαβαίνει να συνειδητοποιήσει ότι παρακολουθεί ένα σοφά οργανωμένο σύνολο αποτελούμενο από πολύ διαφορετικά στοιχεία, διαταγμένα με απόλυτη αρμονία. Όπως στην ορχήστρα τα όργανα παρατάσσονται μπροστά στο μαέστρο, έτσι και το τοπίο της Πίνδου έχει απλωθεί αντικριστά στον Αλιάκμονα. Γύρω από το ποτάμι, ξεδιπλώνονται οι λόφοι της μολάσσας, σαν τα πολλά και ισάξια έγχορδα που κάθε ορχήστρα διαθέτει. Πιο κοντά μας είναι ο Όρλιακας, ο Τσούργιακας, η Λιάγκουνα, καθένα με το δικό του χρώμα, όπως τα πνευστά. Στην τελευταία σειρά και γύρω μας ξεχωρίζουν τα κρουστά, δίνοντας το ρυθμό και τον όγκο στην όλη σύνθεση, στα βόρεια ο Σμόλικας, στο κέντρο η Βασιλίτσα και στα νότια ο Λύγκος με τον Ζυγό.

6. Λυκόφως από την κορυφογραμμή της Βασιλίτσας.
Στον ορίζοντα ο Όλυμπος.

7. Σειρήνι, πανσέληνος.

7

Όλες αυτές τις μορφές της άπνοης ύλης ήρθε να καλύψει σαν αχειροποίητο ένδυμα το δάσος σκεπάζοντας με το σκουροπράσινο πέλος των κωνοφόρων την Πίνδο και σκορπώντας τα δροσερά πέπλα των φυλλοβόλων στις ρεματιές και τους λόφους. Όταν οι προετοιμασίες ολοκληρώθηκαν και ο τόπος έφτασε στο αποκορύφωμα της χάρης και της ομορφιάς του, δόθηκε το σύνθημα για τη γιορτή και οι προσκεκλημένοι έφτασαν ο καθέ-νας με τα μέσα του, πόδια, λέπια ή φτερούγες για να παραστούν στο μεγάλο δείπνο της Πίνδου. Τις πρώτες εκείνες εποχές του χρόνου, μέσα στα δάση βάδισαν όντα που δεν υπάρχουν πια, όπως το μαμούθ, που το πέρα-σμά του μνημονεύει η μολάσσα.

8. Χειμερινή περιπλάνηση.

9. Δειλινό στις πλαγιές της Φλέγκας και τη λίμνη Πηγών Αώου.

8

9

10

10. Λυκαυγές στη Σκούρτζα, παρακλάδι της Βασιλίτσας.

11, 12. Χειμερινά τοπία του Όρλιακα.

13. Από τα Χάσια μέχρι την Πίνδο απλώνονται τα "κουπάτσια",
τα πρεμνοφυή δρυοδάση.

12

13

15

14

14. *Μικρές ομάδες από αγριόγιδα ζουν στον Σμόλικα και τον Λύγκο.*

15, 16. *Συστάδες οξυάς στη Βασιλίτσα.*

17. *Σκίουρος.*

18. *Φθινοπωρινό κολχικό.*

19. *Ο κίτρινος κρίνος (Lilium albanicum).*

20. *Το βραχύβιο μανιτάρι Coprinus comatus.*

21. *Λύγκος, συστάδα μαυρόπευκων στις Μπάλτσες.*

22. *Αγριόχοιρος.*

23

24

Στην Πίνδο η συνύπαρξη ποικιλίας δέντρων και ευνοϊκών κλιμα-
τολογικών συνθηκών δημιουργεί ιδανικούς βιοτόπους για εκατο-
ντάδες είδη μανιταριών. Πραγματικοί παράδεισοι για όσους
ενδιαφέρονται για τις λεπτές γεύσεις και τις μυρωδιές, για την
ποικιλία των χρωμάτων και των μορφών των μανιταριών είναι η
Βάλια Κάλντα και ο Όρλιακας.

23. Το μανιτάρι *Ramaria aurea*.

24. Γόργιανη, μικτή συστάδα φυλλοβόλων.

25, 26. Δύο ακόμα ασυνήθιστες μορφές μανιταριών, η *Calocera
cornea* και το *Crucibulum laeave*.

27. Στο δάσος των δρυών.

25

26

27

28

28. Βάλια Κάλντα, δάσος οξυάς.

29. Η αρκούδα έχει αναλάβει το ρόλο του απογραφέα των θησαυρών της Πίνδου· τριγυρνά στα δάση, σκαλίζει και ψάχνει, αφουγκράζεται το χώμα και τακτοποιεί τις πέτρες, μετρά και υπολογίζει. Και όταν ο ήχος του εδάφους είναι κανονικός, όταν οι χυμοί κυλάνε ορθόφωνα μέσα στους βλαστούς, όταν τα ρυάκια φλυαρούν στις σωστές τους στάθμες, όταν δηλαδή ο παλμός όλου του κόσμου είναι αυτός που ξέρει από πάρα πολύ παλιά, τότε φτιάχνει καταμεσής στους δρόμους του δάσους, μικρούς σωρούς από κουκούτσια για να στείλει μήνυμα στα άλλα πλάσματα, ότι όλα πάνε καλά και ότι μπορούν να συνεχίσουν να σκοτίζονται με τα μικρά καθημερινά τους ζητήματα, χωρίς φόβο για το αύριο.

29

30

30. Αρκουδόρεμα, Βάλια Κάλντα.

31. Αρκουδόρεμα, "νεκρή ψύση".

32. Σφενδάμια στον Όρλιακα.

33

33. Για ένα μεγάλο χρονικό διάστημα το πολύτοξο γεφύρι του Πασά στον Αλιάκμονα εξασφάλιζε την επικοινωνία των Γρεβενών με την Κοζάνη.

34. Γαλήνια αντιφεγγίσματα στον Βενέτικο.

35. Ο Αλιάκμονας χαράζει το μακρύ υδάτινο δρόμο του από τη βόρεια Πίνδο μέχρι το Αιγαίο.

36. Τα Στενά του Βενέτικου.

37. Σουσουράδα (Motacilla alba).

38. Μαυροπελαργός (Ciconia nigra).

39. Ποταμοσφυριχτής (Charadrius dubius).

40. Ζευγάρι σταχτοτσικνιάδων (Ardea cinerea) σε γαμήλιες τελετές.

38

37

39

Διαδρομές
στο χρόνο

Τα παιδιά των βουνών

Ανάμεσα στις πτυχές των κοιλάδων του Αλιάκμονα και δίπλα στα αρχέγονα μονοπάτια που χάραξαν οι οπλές και τα νύχια των άγριων πλασμάτων της Πίνδου, ήρθαν οι άνθρωποι και εγκατέστησαν τις πρώτες καλύβες τους. Τα επιφανειακά ευρήματα, που έχουν εντοπιστεί από τις σποραδικές έρευνες κοντά ή μέσα στους σημερινούς οικισμούς, συνηγορούν για τη διαρκή παρουσία ενός οικιστικού ιστού που ανάγεται στα Παλαιολιθικά χρόνια και ανασχηματίζεται διαρκώς, καθώς παρακολουθεί την πλημμυρίδα και την άμπωτη των ανθρώπινων γεγονότων. Η περιοχή που σήμερα οριοθετούμε ως νομό Γρεβενών, στα αρχαία χρόνια ήταν μοιρασμένη και ενώ το πεδινό τμήμα της αποτελούσε το δυτικό μέρος της μακεδονικής Ελιμείας, το ορεινό ανήκε στις πιο ανατολικές επικράτειες της Τυμφαίας, χώρας που απλωνόταν κυρίως μέσα στην Ήπειρο.

Η μετακίνηση των ορίων της περιοχής στο πέρασμα των αιώνων καθρεφτίζει το ευμετάβλητο των σχέσεων ανάμεσα στη Μακεδονία, την Ήπειρο και τη Θεσσαλία. Καθώς η οικονομική και πολιτιστική επικράτεια καθενός από τους τρεις αυτούς κόσμους αναδιπλωνόταν ανήσυχη στη συνάντηση με τα άγνωστα στοιχεία του διπλανού, η έκταση της γης που καταλάμβανε κάθε φορά η περιοχή των Γρεβενών, τομή και ένωσή τους ταυτόχρονα, απλωνόταν ή περιοριζόταν.

Στην αρχαιότητα οι θέσεις των οικισμών ήταν διάσπαρτες από τον Βούρινο μέχρι τα βάθη των Χασίων και τους πρόποδες της Πίνδου. Πάνω σ'αυτόν τον οικιστικό καμβά, οι Μακεδόνες βασιλείς ίδρυσαν ή ενίσχυσαν έναν ιστό μικρών οχυρών. Με εξαίρεση το Σπήλιο, τα μικρά αυτά κάστρα δεν εξελίχθηκαν ποτέ σε ακροπόλεις οικισμών, καθώς οι κάτοικοι προτιμούσαν να διαφεύγουν στους λαβυρίνθους του αναγλύφου παρά να εμπιστευτούν την αμφίβολη προστασία των τειχών. Παρ'όλο που στην περίοδο της Ρωμαϊκής κατάκτησης η περιοχή παραμένει στον απόηχο των μεγάλων συρράξεων, τα οχυρά επισκευάζονται και επανδρώνονται για να φυλάξουν τα κρίσιμα περάσματα, ενώ στις πλαγιές του Λύγκου μαρτυρείται για ένα σύντομο χρονικό διάστημα εξόρυξη σιδηρομεταλλευμάτων.

Φαίνεται ότι στα Υστερορωμαϊκά και πρώτα Βυζαντινά χρόνια, με την ενοποίηση της αχανούς αυτοκρατορίας και την εξασφάλιση μιας σχετικής ηρεμίας, η περιοχή των Γρεβενών έχασε το μεθοριακό χαρακτήρα της και μεταβλήθηκε σε μια απόμακρη γωνιά της ενδοχώρας. Ωστόσο, λίγους αιώνες αργότερα, η αναβίωση των παλιών οχυρών θα κριθεί απαραίτητη, καθώς η ορεινή ζώνη δοκιμάζεται τον 6ο αιώνα από επιδρομές Σλάβων, που στις αρχές του 7ου αιώνα θα εγκατασταθούν μόνιμα πια στους πρόποδες των βουνών, προετοιμάζοντας το έδαφος για την πολυφυλετική σύνθεση της Βαλκανικής αλλά και την πολυπολιτισμική ωριμότητα των Μεταβυ-

41. Η Βασιλίτσα και ο Λύγκος από τις πλαγιές του Σμόλικα.

42. Το ερημοκλήσι των Αγίων Θεοδώρων είναι χτισμένο πάνω σε δόμους μακεδονικού οχυρού.

ζαντινών χρόνων. Φαίνεται ότι η περιοχή παραμένει στα πρώτα Βυζαντινά χρόνια χωρίς πυρήνα και κανένας οικισμός, με εξαίρεση πάλι το Σπήλιο, δεν απέκτησε έργα οχύρωσης ή ύδρευσης, που χαρακτηρίζουν τα σημεία σημαντικών πληθυσμιακών συγκεντρώσεων και στρατηγικής σημασίας. Εξάλλου, όταν ο Ιουστινιανός εφάρμοσε το μεγάλο οικοδομικό-οχυρωματικό του πρόγραμμα, κανένα νέο αμυντικό έργο δεν κατασκευάστηκε στην περιοχή, παρά μόνο ίσως το κάστρο της Βουχάλιστας. Παράλληλα, το φτωχό αγροδασικό τοπίο των Γρεβενών δεν προσέλκυσε τους μεγάλους λαϊκούς ή εκκλησιαστικούς γαιοκτήμονες που είχαν ήδη επικεντρώσει το ενδιαφέρον τους στα πεδινά και πλούσια τμήματα της αυτοκρατορίας.

Εν τω μεταξύ, η καθημερινή ζωή και η παραγωγική διαδικασία παραμένουν στο πλαίσιο μιας φτωχικής οικονομίας της επιβίωσης. Ξηρικές καλλιέργειες σταριού και κριθαριού, με πολλαπλά οργώματα και διετή κύκλο αγρανάπαυσης, λίγα οπωροφόρα δέντρα, κτηνοτροφία, μελισσοκομία και ξύλευση συνεχίζουν να αποτελούν τη βάση του παραγωγικού ιστού σε όλον το Μεσαίωνα. Χωρίς τον καπνό, ωστόσο, που δεν είχε ακόμη φτάσει τόσο δυτικά, και χωρίς την ελιά, που δεν ευδοκιμεί στο ηπειρωτικό βιοκλίμα, οι μικρές συνοικήσεις βρίσκονται στα πρόθυρα της λιμοκτονίας, κατώφλι που δρασκελίζουν κάθε φορά που η ανομβρία ή η βαρυχειμωνιά έρχονται να προστεθούν στην ανελέητη φορολογία.

Τον 14ο αιώνα, ακολουθώντας τη μοίρα της Μακεδονίας, τα ανατολικά της Πίνδου περιέρχονται στον Τούρκο

43. Η μονή Παναγιάς Σπηλιώτισσας θεμελιώθηκε το 1633.

44. Η μονή Ζάβορδας ιδρύθηκε το 1543, στο μέσο ρου του Αλιάκμονα από τον όσιο Νικάνορα.

45

κατακτητή. Στην πρώτη διοικητική οργάνωση της Οθωμανικής αυτοκρατορίας, η περιοχή των Γρεβενών εντάσσεται στο πασαλίκι Ιωαννίνων και γίνεται καζάς στον οποίο περιλαμβάνονται, εκτός των γρεβενιώτικων χωριών, 23 χωριά της περιοχής Πενταλόφου, τα χωριά του οροπεδίου της Δεσκάτης καθώς και μερικά ακόμα χωριά της Ελασσόνας. Στους αιώνες που ακολουθούν, το γεωγραφικό πλαίσιο μέσα στο οποίο αναπτύσσονται οι οικονομικοί και κοινωνικοί μηχανισμοί της Πίνδου διευρύνεται σε όλη τη Βαλκανική. Πραγματικά, η συνάντηση και η συναλλαγή των πληθυσμών της Μακεδονίας και της Ηπείρου γινόταν σε ολόκληρη την περίοδο της Τουρκοκρατίας στην περιοχή της Κορυτσάς, της Μοσχόπολης, της Αχρίδας και του Μοναστηρίου. Την περίοδο αυτή, ως κύριοι όροι της χωροταξικής οργάνωσης της περιοχής Γρεβενών, αναδείχτηκαν τα γύρω εμπορικά κέντρα, όπως η Κοζάνη, η Λειψίστα, η Σιάτιστα, αλλά και τα μοναστήρια, οι μεγάλες εμποροπανηγύρεις, οι δρόμοι και τα γεφύρια. Στο εσωτερικό της περιοχής, η ορεινή ζώνη γνώρισε νέο οικιστικό κύμα από τον 15ο αιώνα και μετά, καθώς οι πεδινοί πληθυσμοί κατέφευγαν στις πλέον δυσπρόσιτες περιοχές αναζητώντας ασφάλεια και ελεύθερη γη. Ταυτόχρονα, οι νομαδικοί πληθυσμοί των Βλάχων της Πίνδου εγκατέστησαν συνοικήσεις στον Όλυμπο, τον Τίταρο και τα Πιέρια, δημιουργώντας δεσμούς που έμελλε να αποτελέσουν το υπόβαθρο μιας αλληλεγγύης που θα εκδηλωθεί στις εξεγέρσεις των επόμενων αιώνων.

45. Το μεγάλο πολύτοξο γεφύρι του Πασά ανατινάχθηκε στον Εμφύλιο πόλεμο, για να χάσει ένα ακόμα τμήμα του από τους σεισμούς του 1995. Σήμερα το μεσαίο τόξο του έχει μείνει σαν σε μετέωρη κίνηση χειραψίας ανάμεσα στην πολύφερνη Κοζάνη και τα μικρά Γρεβενά.

46

46. *Οι κοπελίτσες των Γρεβενών, όπως και οι προγιαγιάδες τους τον περασμένο αιώνα, διαλέγουν στο παζάρι του Αχίλλη φτηνά κοσμήματα, μπιχλιμπίδια που θα στολίσουν την απλή καθημερινότητα της πόλης.*

Στα μέσα του 15ου αιώνα ιδρύθηκαν τα αρματολίκια των Γρεβενών και των Σερβίων, σε μια προσπάθεια της Οθωμανικής αυτοκρατορίας να αντιμετωπίσει τις διάσπαρτες επαναστατικές κινήσεις. Παράλληλα, σποραδικά αλλά αδιάκοπα εμφανίζονται προσπάθειες που σκοπό έχουν την τόνωση του θρησκευτικού και του εθνικού φρονήματος. Ο όσιος Νικάνωρ εγκαθίσταται σε παλιότερο ασκηταριό στις όχθες του Αλιάκμονα και προσπαθεί με τα κηρύγματά του να ανακόψει το ρεύμα του εξισλαμισμού. Η μονή που ιδρύει ο όσιος Νικάνωρ παίρνει το όνομα του μικρού αγροτικού συνοικισμού της Ζάβορδας που εγκολπώνει. Σύντομα το μοναστήρι της Ζάβορδας, από το οποίο εξαρτιόταν και η μονή Παναγιάς Τουρνικίου, έγινε το κέντρο μιας μεγάλης περιοχής με διάσπαρτες αγροτικές συνοικήσεις. Με τα χρόνια το μοναστήρι αύξησε την περιουσία του και έφτασε να διαχειρίζεται μεγάλες γεωργικές εκμεταλλεύσεις, που προσέφεραν αξιόλογη παραγωγή σταριού και κρασιού. Νεότερο κατά ένα αιώνα, το μοναστήρι της Κοίμησης της Θεοτόκου στο Σπήλιο, μαζί με τις εξαρτώμενες μονές του Αγίου Νικολάου Περιβολίου και του Αγίου Γεωργίου Μοναχιτίου, συγκρότησε μια μορφή συνδιαχείρησης της γεωργικής γης με τους κατοίκους των οικισμών του νότιου κλάδου του Βενέτικου. Φαίνεται ότι το μοναστήρι του Σπήλιου κράτησε μια τυπική επικυριαρχία στην περιοχή, χωρίς να επιβάλλει όρους εξάρτησης στους χωρικούς. Την ίδια περίοδο, τέλη του 15ου με αρχές 16ου αιώνα, η επισκοπή Γρεβενών υπάγεται στην αρχιεπισκοπή Αχρίδας.

Παρ' όλο που από τον 17ο αιώνα οι μεγάλοι οικισμοί της Μακεδονίας και τα μοναστήρια αρχίζουν να περιλαμβάνονται στα δρομολόγια των καραβανιών, οι κύριοι δρόμοι θα παραμείνουν πιστοί στη χάραξη των παλιών ρωμαϊκών οδών. Οι όροι της επικοινωνίας είναι σκληροί στα δυτικά και τα μονοπάτια προς την Ήπειρο πρέπει να ελιχθούν ανάμεσα στα ψηλά και χιονισμένα διάσελα της Πίνδου σε περάσματα που θα κερδίσουν επικές περιγραφές από τους περιηγητές του 18ου και 19ου αιώνα. Ωστόσο, τον κύριο ρόλο στην εμπορική ανάπτυξη και την πολιτιστική εξέλιξη της περιοχής καθώς και της πόλης των Γρεβενών είχε ο ανατολικός δρόμος, που οδηγούσε στην Κωνσταντινούπολη με ενδιάμεσο σταθμό τη Θεσσαλονίκη. Ο δρόμος αυτός γνώριζε τα γρεβενιώτικα καραβάνια ήδη από τον 16ο αιώνα, όταν οι ένοπλοι αγωγιάτες μετέφεραν το πλεόνασμα σε μαλλί, δέρματα και υφαντά στο εσωτερικό της αυτοκρατορίας. Η διαδρομή συναντούσε τον Αλιάκμονα και αφού τον δρασκέλιζε πάνω από τη μεγαλειώδη γέφυρα του Πασά ανέβαινε στο πέρασμα της Μπάρας για να πάρει την κατεύθυνση προς την Κοζάνη. Αντίστοιχα, ο δρόμος για τη Θεσσαλία, δρόμος κυρίως των κοπαδιών, περνούσε από την πετρόχτιστη γέφυρα στον Βενέτικο, που οι ντόπιοι την έλεγαν γέφυρα των Γρεβενών. Από το δρόμο αυτόν θα κατηφορίσουν αργότερα και τα μπουλούκια των μαστόρων για τις οικοδομές του θεσσαλικού κάμπου.

Μετά τη διοικητική αναδιάρθρωση της Οθωμανικής αυτοκρατορίας στα μέσα του 18ου αιώνα, τα Γρεβενά προσαρτήθηκαν στο σαντζάκι των Σερβίων, που ανήκε στο βιλαέτι Μοναστηρίου. Οι γενικότερες εξελίξεις αυτής της περιόδου έδωσαν μεγάλη άνθηση στο εμπόριο και την οικονομία των Γρεβενών και διευκόλυναν τη σύσφιξη των σχέσεων ανάμεσα στους Μακεδόνες εμπόρους και τους κεντροευρωπαϊκούς οίκους. Το Μοναστήρι θα παραμείνει για μια μεγάλη περίοδο το κυριότερο κέντρο της δυτικής Βαλκανικής, καθώς βρίσκεται σε κομβική θέση πάνω στη διαδρομή από το Δυρράχιο προς τη Θεσσαλονίκη και από τον Περλεπέ (Πρίλαπο) προς την Αχρίδα, την Κορυτσά και τα Γιάννενα, πραγματικό σταυροδρόμι των βαλκανικών λαών αλλά και κέντρο της βυρσοδεψίας, της υφα-

ντικής, της μεταλλοτεχνίας και της αργυροχοΐας. Μεγάλο μέρος των κατοίκων του Μοναστηρίου, όπως και σχεδόν όλος ο πληθυσμός της Μοσχόπολης, ήταν βλαχόφωνοι χριστιανοί, που αναδείχτηκαν σε συνδετικό στοιχείο της χερσονήσου. Αυτή την περίοδο, το γεφύρι του Πασά στον Αλιάκμονα είδε τα καραβάνια των Βλάχων εμπόρων και των Κουπατσαραίων αγωγιατών να πληθαίνουν, καθώς τα προϊόντα της Πίνδου έφτασαν μέχρι τις αγορές της Αυστρο-ουγγαρίας και της Ρωσίας. Και ανάδρομα πάλι, η περιοχή των Γρεβενών συγκέντρωνε το ενδιαφέρον των ζωεμπόρων και των τεχνιτών, που κατέφθαναν όλο και περισσότεροι στις τρεις μεγάλες εμποροπανηγύρεις, του Μαυρονόρους, το Κοντζά παζάρ στο χωριό Κέντρο (Βέντζι) των Βεντζίων και τη ζωοπανήγυρη του Αχίλλη στην πόλη των Γρεβενών, τρία σημεία που ορίζονται από τις διαδρομές των κοπαδιών και των καραβανιών αλλά και από τη θέση των τσιφλικιών και των μεγάλων οικισμών. Στις εμποροπανηγύρεις αυτές γινόταν όχι μόνο η ανταλλαγή των αγαθών (λάδι και αλάτι) με τα ποιμενικά προϊόντα, αλλά κυρίως η επαφή του κάμπου με το βουνό, μια γνωριμία που ανανεωνόταν κάθε χρόνο και σημάδευε την πρόοδο των πραγμάτων και από τις δύο πλευρές.

Την περίοδο αυτή, ο πληθυσμός της περιοχής τροφοδοτείται από συνεχείς μετοικήσεις Ηπειρωτών και ο οικιστικός ιστός ωριμάζει με τη συσπείρωση των συνοικήσεων. Με τη διάταξη των οικισμών πάνω σε ράχες και ρεματιές, όχι μακριά αλλά ούτε και συστηματικά πάνω στους κύριους οδικούς άξονες, σχηματίστηκε τελικά ένα ακτινωτό σύστημα με κέντρο την πόλη των Γρεβενών, διάταξη που παγιώνει τη χωροθέτησή της. Συνήθως η δόμηση των οικισμών είναι πυκνή και ο πολεοδομικός ιστός μονοπυρηνικός, με τις κατοικίες να περιβάλλουν τη μοναδική ενοριακή εκκλησία και τα μαγαζιά, αν και δεν λείπουν περιπτώσεις όπου ο οικισμός αποτελείται από διακριτές συνοικίες, που καθρεφτίζουν διαφορές στην καταγωγή ή το θρήσκευμα.

Παρ' όλο που για το εμπόριο και τους οικισμούς ο 18ος και ο 19ος αιώνας υπήρξε μια περίοδος ανάπτυξης, στην κεντρική Βαλκανική άρχισαν να εμφανίζονται έντονες πια αντιδράσεις από τους μη μουσουλμάνους υπηκόους της Οθωμανικής αυτοκρατορίας. Ενώ το οθωμανικό ιδεώδες ολοκληρώνεται σε ένα στρατιωτικό κράτος οικονομικής και διοικητικής αυτονομίας των ανώτερων τάξεων, για τους Σέρβους, τους Βουλγάρους, ακόμα και τους Αλβανούς, αλλά κυρίως για τους Έλληνες, ξεπηδά η αδήριτη ανάγκη της εθνικής ταυτότητας και της ανέλιξης προς μια κοινωνία ισότητας και ελευθερίας. Μέσα στο πνεύμα του Διαφωτισμού, που έρχεται από την Ευρώπη και κάτω από το φως της μορφωτικής κινητοποίησης στις μεγάλες πόλεις, αρχίζει η εθνική αφύπνιση. Ο Κοσμάς ο Αιτωλός φτάνει τον 18ο αιώνα μέχρι τη βόρεια άκρη του ελληνισμού, την Αχρίδα, και στην επιστροφή του κηρύσσει σε πολλά χωριά των Γρεβενών, παροτρύνοντας τους υπόδουλους να ιδρύσουν σχολεία και εκκλησίες. Οι πρώτες ομάδες κλεφτών, που ήδη από τις αρχές του 17ου αιώνα είχαν οργανωθεί στον Όλυμπο, επεκτείνουν τη δράση τους σε ολόκληρη τη Μακεδονία, για να τροφοδοτήσουν στα μέσα του 18ου αιώνα μια μεγάλη περίοδο αναταραχών, προάγγελμα των κινητοποιήσεων που θα διαρκέσουν σχεδόν 100 χρόνια και θα συντελέσουν στη διάλυση της Οθωμανικής αυτοκρατορίας. Λίγο αργότερα, οι καπετάνιοι των αρματολικιών προετοιμάζονται για την εξέγερση των Ορλωφικών (1770), με τον Γιαννούλη Ζιάκα στα Γρεβενά και τον γερο-Μπλαχάβα στα Χάσια να οργανώνουν ένοπλες ομάδες. Ο γιος του Ζιάκα, Θεόδωρος, διενεργεί στα μέσα του 19ου αιώνα επιθέσεις κατά των Τούρκων στο Καρπερό και στο Σπήλιο. Η περιοχή παραμένει σε αναβρασμό, που κορυφώνεται με την κήρυξη τον Φεβρουάριο του 1878 της προσωρινής κυβέρνησης της «Αυτόνομης Επαρχίας Ελιμείας» στην κορυφή του Βούρινου από λίγους ενόπλους.

Μετά τη συνθήκη του Βερολίνου το 1881, τα ελληνοτουρκικά σύνορα οριοθετούνται στη γραμμή Άρτας-Πλαταμώνα, που διατρέχει τον άξονα των Χασίων, ανάμεσα στα χωριά Αγιόφυλλο και Άνοιξη. Τα Γρεβενά παραμένουν υπό την οθωμανική κυριαρχία. Οι νομάδες αντιμετωπίζουν για πρώτη φορά τελωνεία και διατυπώσεις στη διάρκεια της ετήσιας μετακίνησής τους. Στα χρόνια από την συνθήκη του Βερολίνου μέχρι τους Βαλκανικούς πολέμους, Έλληνες αξιωματικοί και αντάρτικες ομάδες περνούν τα σύνορα και λημεριάζουν στα δάση των Χασίων, ενώ στη μικρή πόλη των Γρεβενών οι Τούρκοι προετοιμάζουν την αναχώρησή τους. Ο Παύλος Μελάς οργώνει τη δυτική Μακεδονία, συνδέοντας τους επαναστατημένους πυρήνες των χωριών κάτω από τη βαριά απειλή των τουρκικών αντιποίνων αλλά και τη δράση των Βουλγάρων κομιτατζήδων. Μετά το θάνατό του, άλλα ονόματα που το παράδειγμά του συγκίνησε ή παρότρυνε, εμφανίζονται στη σκηνή και συνεχίζουν τον αγώνα, που ουσιαστικά δεν αποτυγχάνει, καθώς έχει επωάσει τους Βαλκανικούς πολέμους.

Παράλληλα, όλοι οι φορείς και ειδικότερα η «Μακεδονική Φιλεκπαιδευτική Αδελφότητα» καταβάλλουν όλο αυτό το διάστημα μεγάλη προσπάθεια για τη διάδοση των γραμμάτων στις επαρχίες Γρεβενών, Ανασέλιτσας και Καστοριάς. Το 1871 αρχίζει η λειτουργία της Σχολής Τσοτυλίου, όπου φοίτησαν πολλά παιδιά από τα Γρεβενά, ενώ οι εκπαιδευτικές δομές της Κοζάνης, της Σιάτιστας, του Πενταλόφου και της Εράτυρας αναβαθμίζονται. Με το γύρισμα του αιώνα, οι ένοπλες ομάδες που είχαν οργανωθεί στον Όλυμπο και την Πίνδο εντείνουν τη δραστηριότητά τους, συνεπικουρούμενες από τους Έλληνες προξένους και τους εθελοντές από την ελεύθερη Ελλάδα. Στην πολιτική σκηνή εμφανίζεται ο Γρεβενιώτης Γεώργιος Μπούσιος, επιχειρηματίας και έμπορος, που διατέλεσε βουλευτής το 1908 στη βραχύβια οθωμανική βουλή. Υπέρμαχος της ισότητας του ελληνικού με το τουρκικό στοιχείο της Οθωμανικής αυτοκρατορίας, θα δει τις ελπίδες του να ναυαγούν στην ατμόσφαιρα φανατισμού της Νεοτουρκικής μεταρρύθμισης. Μετά το 1910, η προσπάθεια των Τούρκων να καταπνίξουν την εξέγερση κορυφώνεται με δολοφονίες υποστηρικτών της ένωσης με την Ελλάδα, ανάμεσα στους οποίους και του μητροπολίτη Γρεβενών Αιμιλιανού Λαζαρίδη. Η οριστική αναμέτρηση ξεσπά τελικά τον Οκτώβριο του 1912 με τον Α΄

Βαλκανικό πόλεμο και λίγες μέρες μετά τα ελληνικά στρατεύματα παραβιάζουν την κερκόπορτα της Μακεδονίας, τα Στενά του Σαρανταπόρου. Ακολουθεί η μάχη της Δεσκάτης και η απελευθέρωσή της στις 12 Οκτωβρίου, ενώ την επόμενη μέρα η ελληνική σημαία κυματίζει στα Γρε-

47. Κάθε χρόνο, την πρώτη μέρα του Οκτωβρίου, στην κοιλάδα ανάμεσα στα χωριά Δεσπότης και Αιμιλιανός των Χασίων, τελείται το μνημόσυνο του μητροπολίτη Γρεβενών Αιμιλιανού Λαζαρίδη, που δολοφονήθηκε το 1911 στο σημείο αυτό.

47

βενά. Οι σχέσεις με τη Θεσσαλία αναθερμαίνονται μετά την ένωση με τη Ελλάδα, ενώ ταυτόχρονα η οριοθέτηση των βόρειων συνόρων της χώρας κόβει τα νήματα με τα παραδοσιακά βαλκανικά κέντρα.

Στην πρώτη διοικητική συγκρότηση της Μακεδονίας, η περιοχή των Γρεβενών προσαρτάται ως αποκεντρωμένο διοικητικά τμήμα στο νομό Κοζάνης. Την περίοδο αυτήν οριοθετούνται επίσημα οι κοινοτικές εκτάσεις των χωριών, περισσότερο σαν παμπάλαιες μοιρασιές παρά σαν κάποια ορθολογική διοικητική παρέμβαση. Αυτή η διαίρεση, που ισχύει ακόμα και σήμερα, βασίζεται σε απλές οριοθετικές γραμμές, ρεματιές ή ράχες, στολισμένες με ξωκλήσια ή εικονοστάσια, που καταλήγουν σε ενιαίες, συμπαγείς γεωγραφικές ενότητες. Οι πρώτες δεκαετίες του 20ού αιώνα κλείνουν με την άφιξη των Ελλήνων της Μικρασίας και του Πόντου, που εγκαθίστανται στην πεδινή και ημιορεινή ζώνη σε χωριά που εκκένωσαν οι μουσουλμάνοι με την ανταλλαγή των πληθυσμών ή σε νέους οικισμούς. Δυναμικό στοιχείο, με βαθιά γνώση και εμπειρία στις καλλιεργητικές τεχνικές, οι Πόντιοι φέρνουν πολλούς νεωτερισμούς και ένα νέο αέρα στη Μακεδονία. Παρ' όλο που η ορμή τους προσκρούει στην αδράνεια του κρατικού μηχανισμού που δεν προωθεί τις αναγκαίες ρυθμίσεις, οι Πόντιοι κατάφεραν να μοιραστούν την εξωστρέφεια και τα οράματά τους με τους ντόπιους.

Στο Μεσοπόλεμο, οι ορεινοί οικισμοί γνωρίζουν μια σύντομη περίοδο ακμής, καθώς τα εμβάσματα των ξενιτεμένων στην Αμερική και την Αυστραλία επιτρέπουν την ανοικοδόμηση οικιών και την κατασκευή κοινωφελών έργων. Για λίγα χρόνια η ζωή ξαναβρίσκει το ρυθμό της. Σύντομα όμως τα γεγονότα αναδιπλώνονται καθώς αναδύονται αντιπαλότητες και ροπές ναρκωμένες στο εκτυφλωτικό μεσημέρι της βαλκανικής αρένας.

Το 1940, η παμπάλαιη διείσδυση του Βατικανού στην Ιλλυρία παίρνει τη μορφή της ιταλικής στρατιωτικής παρουσίας στην Πίνδο και τα βουνά μετατρέπονται σε πεδίο μάχης. Στις ράχες της Βασιλίτσας, οι έλληνες στρατιώτες υπεραμύνονται του στρατηγικού περάσματος της Πίνδου δίνοντας την μάχη της Αννίτσας. Τα αντάρτικα σώματα που σχηματίζονται αμέσως μετά τη συνθηκολόγηση της Ελλάδας με τους Γερμανούς δίνουν μάχες σ' όλη την περιοχή Γρεβενών και Κοζάνης, με σημαντικότερο το χτύπημα στο Φαρδύκαμπο τον Μάρτιο του 1943 κατά ιταλικής φάλαγγας. Ωστόσο τη νίκη αυτή ακολούθησαν τριβές μεταξύ των ομάδων που έλαβαν μέρος στη μάχη, απότοκοι των διαφορών που ταλάνιζαν τη Μακεδονία όλο τον 19ο αιώνα και τις αρχές του 20ού αλλά ταυτόχρονα και προάγγελοι των συγκρούσεων του Εμφύλιου πολέμου.

Μέσα στον Β΄ Παγκόσμιο πόλεμο, τα χωριά της Πίνδου θα ζήσουν την τελευταία αναλαμπή τους, καθώς οι εμπειρίες της ορεινής οικονομίας ξαναβγαίνουν από τα σεντούκια του παρελθόντος και εξασφαλίζουν την επιβίωση του αποκομμένου πληθυσμού. Τα κηπάρια αναγεννιώνται, το κυνήγι γίνεται ξανά επάγγελμα, η ανάγκη σπρώχνει και πάλι τους ορεινούς πληθυσμούς στην εκχέρσωση και την καυσοξύλευση, αν και, ύστερα από την κατάργηση των θεσσαλικών τσιφλικιών που ολοκληρώθηκε στο Μεσοπόλεμο και ιδίως την αποδέσμευση των εύφορων εδαφών από τα έλη της Κάρλας, είχε προδιαγραφεί η ερήμωση της ορεινής ζώνης, καθώς οι Βλάχοι απέκτησαν σημαντικές έγγειες περιουσίες και μόνιμα ενδιαφέροντα στον κάμπο.

Μετά τον πόλεμο, όλη η ορεινή περιοχή και τα Βέντζια με τη Φιλουριά προσαρτώνται ως επαρχία Γρεβενών στο νομό Κοζάνης, ενώ η Δεσκάτη και τα χωριά της συνδέονται με τις τύχες της επαρχίας Ελασσόνας του νομού

Λάρισας. Παρ' όλες τις απώλειες σε δυναμικό από τον Εμφύλιο πόλεμο, τα Γρεβενά μπαίνουν στα Μεταπολεμικά χρόνια σε μια αργή πορεία εκσυγχρονισμού, ενώ η χώρα ζει ριζικές αλλαγές. Η Θεσσαλονίκη εκβιομηχανίζεται, η Αθήνα καταπίνει το νότο, ο θεσσαλικός κάμπος μετατρέπεται σε μια δυναμική πηγή πλούτου, η Πτολεμαΐδα αναδύεται μέσα από τα κοιτάσματα του λιγνίτη και τους ατμούς των στροβίλων της ΔΕΗ, ενώ η Κοζάνη επιβάλλεται οριστικά ως το κύριο αστικό και διοικητικό κέντρο της δυτικής Μακεδονίας. Οι Γρεβενιώτες μετοικούν μέσα στα όρια της Ελλάδας ή μεταναστεύουν μαζικά στη Γερμανία και την Αυστραλία. Στους ορεινούς οικισμούς όλα αυτά φτάνουν σαν απόηχος χωρίς κανένα αντίκτυπο.

Καμία αξιοσημείωτη εξέλιξη δεν θα συμβεί μέχρι το 1964, οπόταν με ενέργειες του τότε υπουργού Κωνσταντίνου Ταλιαδούρη, η επαρχία Γρεβενών γίνεται ανεξάρτητος νομός. Η σταδιακή μεταφορά των αρμοδιοτήτων και των λειτουργιών δημιούργησε μια ροπή που έμελε να έχει καθοριστική επίδραση στην εξέλιξη του νομού και της πόλης των Γρεβενών.

Παράλληλα, καθώς οι δρόμοι φτάνουν στην Πίνδο, το Βόιο και τα Χάσια, τα περισσότερα χωριά θα δουν τον πληθυσμό τους να μειώνεται σταδιακά και μερικά θα σβήσουν από το χάρτη. Γιατί, παρά την ανακούφιση που έφερε η κρατική παρέμβαση στα Μεταπολεμικά χρόνια, οι οικονομικές και κοινωνικές συνθήκες στην περιοχή

48. Αυστηρό ενθύμημα του Β' Παγκόσμιου πολέμου, το μνημείο της Αννίτσας υψώθηκε για τα παλικάρια του Αλβανικού έπους, που άφησαν την τελευταία τους πνοή στις παγωμένες ράχες της Πίνδου.

48

των Γρεβενών εξακολούθησαν να καθορίζονται από τις παραμέτρους του 19ου αιώνα, δηλαδή το δύσκολο ανάγλυφο, τα φτωχά εδάφη, τη μεγάλη απόσταση από τα κέντρα, την έλλειψη αρδευτικών δικτύων. Με την ολοκλήρωση των συγκοινωνιακών δικτύων μετά το 1970 και τη σύνδεση του άλλοτε απομονωμένου ορεινού κόσμου με τον ευρύτερο χώρο, η ζωή στα αποστερημένα από τα δυναμικά στοιχεία τους χωριά βρέθηκε παγιδευμένη σε μια ασταθή ακροβασία ανάμεσα στις υποχωρούσες αγροτικές παραμέτρους και την περιρρέουσα πραγματικότητα. Παρ' όλο που η μαζική θερινή επιστροφή ανεβάζει την πυκνότητα κατοίκησης σε ύψη που ίσως ποτέ πριν δεν είχαν δει αυτά τα μέρη, τα χωριά σήμερα μοιάζουν χωρίς πνοή, καθώς λείπουν τα συστατικά που συνέθεταν τη σπαργή του χωριού –η κοινή εργασία, η παραγωγή, η συνάφεια της καθημερινής συνεύρεσης– και μένει μόνο το ετήσιο γλέντι, αδύ-

ναμος συνδετικός κρίκος ανάμεσα στους ηλικιωμένους ντόπιους και τους διάσπαρτους γόνους τους.

Ωστόσο, η ύπαιθρος προσφέρει ακόμα τις παμπάλαιες μορφές σχέσεις με τη φύση, που κανένας Γρεβενιώτης δεν έχει ακόμα βγάλει από τη ζωή του: το κυνήγι, το ψάρεμα στο ποτάμι, το μάζεμα των μανιταριών. Η περίοδος που το κυνήγι τρέφει τον κυνηγό απλώνεται πολύ πέρα από την επίσημη διάρκειά της, καθώς οι αναπολήσεις και οι προβλέψεις συντηρούν τις παρέες και τα καφενεία όλο το χρόνο. Συγγενές αλλά λιγότερο κοινωνικό, το ψάρεμα είναι ταυτόχρονα και λιγότερο παρεμβατικό. Οι μοναχικές σιλουέτες που μελετούν προσεκτικά τους σκοτεινούς βιρούς του Αλιάκμονα, κρατώντας στο χέρι χρωματιστούς πεζόβολους, μοιάζουν περισσότερο με σκεπτικούς ραβδοσκόπους παρά με ψαράδες. Ακόμα πιο διακριτικοί, αλλά και πιο συστηματικοί, είναι οι συλλέκτες μανιταριών της περιοχής, με μια αφοσίωση που τους χαρίζει επάξια τη φήμη των πιο φανατικών στην Ελλάδα. Από βασική διατροφή των κατοίκων των χωριών στις δύσκολες μάλιστα περιόδους, όπου ακόμα και τα ελαφρώς τοξικά είδη κλήθηκαν να συμπληρώσουν το φτωχό αγροτικό τραπέζι, τα μανιτάρια έχουν εξελιχθεί σε πραγματικό πάθος για τους Γρεβενιώτες. Με την εξαίρεση λίγων εξοπλισμένων με όλη τη σύγχρονη βιβλιογραφία, οι περισσότεροι συλλέκτες μανιταριών έμαθαν να ξεχωρίζουν τα καλύτερα φαγώσιμα είδη μέσα από την παράδοση και την εμπειρία.

49. Οι κάτοικοι των Γρεβενών τρέφουν ιδιαίτερη εκτίμηση στα μανιτάρια και προτιμούν τα καλογεράκια (εδώδιμα είδη του γένους Boletus) και τις κοκκινούσκες (Amanita caesarea).

50. Ψάρεμα με πεζόβολο στον Αλιάκμονα.

49

50

Η δύσκολη συγκρότηση μιας πόλης

Η περιπέτεια της πόλης των Γρεβενών είναι πιο απλή και πιθανότατα πιο σύντομη από την ιστορία της περιοχής. Αν και αναφέρεται μια αρχαία πόλη με το όνομα Αυλαί στην ευρύτερη περιοχή της σημερινής πόλης, η ύπαρξη και η θέση της δεν επιβεβαιώθηκαν ποτέ με ευρήματα ή γραπτές μαρτυρίες. Από τον 10ο και τον 11ο αιώνα μας παραδίδονται δύο αναφορές, η πρώτη, από τον Κωνσταντίνο Πορφυρογέννητο, σχετική με την ύπαρξη πολίσματος με το όνομα Γρίβανα και η δεύτερη, από τον πατριάρχη Ιεροσολύμων Δοσίθεο, για την επισκοπή Γρεβενών. Ωστόσο, καμία από τις μαρτυρίες αυτές δεν μας διαφωτίζει για τη θέση και το ρόλο της πόλης ή της επισκοπής, αν υποτεθεί ότι η τελευταία είχε σταθερή έδρα την πόλη. Η σημερινή θέση της πόλης, που δεν ακολουθεί μερικές βασικές αρχές χωροθέτησης των παλαιών οικισμών, αποδεικνύει ότι έχει επιλεχθεί ως σημείο τομής των στρατιωτικών και των εμπορικών διαδρομών. Ο άξονας που υπαγόρευσε στον οικισμό τη θέση του και ανέδειξε το στρατηγικό του ρόλο είναι ο δρόμος της Πίνδου, η κύρια οδική σύνδεση της Μακεδονίας με την Ήπειρο, γνωστή από τα Ρωμαϊκά χρόνια. Σχεδόν κάθετα σ' αυτόν έρχεται από τη Θεσσαλία ο δρόμος των μεγάλων καραβανιών και κοπαδιών, που έδωσε στην πόλη την αίγλη του συγκοινωνιακού και εμπορικού κόμβου. Υπακούοντας στην αναπόδραστη χωροθέτησή της, η πόλη των Γρεβενών γεννήθηκε στην τομή των δύο αυτών αξόνων και αναπτύχθηκε στο πλαίσιο των ρόλων που αυτοί υπαγόρευσαν.

Όποτε και αν φυτεύτηκε ο σπόρος της πόλης, είναι βέβαιο ότι ο καρπός δεν πήρε μορφή παρά στην ύστερη Τουρκοκρατία. Φαίνεται ότι, όπως και σε πολλές άλλες περιπτώσεις, η πόλη των Γρεβενών απέκτησε οντότητα, ή ίσως γεννήθηκε πραγματικά, μέσα στην κρίση της οικονομίας της υπαίθρου που δοκίμασε την Οθωμανική αυτοκρατορία στα μέσα του 17ου αιώνα. Από τη στιγμή αυτή, αποκτώντας την κρίσιμη πληθυσμιακή μάζα, η πόλη αναπτύσσεται με ρυθμούς που, χωρίς ποτέ να πάψουν να εξαρτώνται από τη συχνότητα της εμπορικής κίνησης και των εντάσεων στην περιοχή, έχουν μια δική τους αυτόνομη πορεία η οποία στηρίζεται στη δημογραφική δυναμική των κατοίκων. Η πόλη αποκτά μορφή και παρά τις πληθυσμιακές παλίρροιες, διατηρεί τη σημασία της όλο τον 18ο και 19ο αιώνα, οπωσδήποτε χάρη και στο δημογραφικό πλεόνασμα που εμφανίζουν τα ορεινά χωριά, ασφαλή καταφύγια στις επιδρομές και τις επιδημίες της εποχής. Στις αρχές του 19ου αιώνα η πόλη είχε πάνω από 1500 πλινθόχτιστα και λίγα πετρόχτιστα σπίτια, ενώ είχε επεκταθεί και στη νότια όχθη του Γρεβενίτη ποταμού, στα σημερινά Τσακάλια. Στα τέλη του ίδιου αιώνα, οι συνοικίες έχουν πλέον διαμορφωθεί με τα ονόματά που σώζονται μέχρι σήμερα. Το Βαρόσι γύρω από τον παλιό μητροπολιτικό ναό του Αγίου Γεωργίου, το Σελιό στη βάση του Κισλά, τα Τσακάλια, το Κούρβουλο κοντά στο μύλο του Μπούσιου, τα Αλώνια και τέλος η Μπάρα, η συνοικία των τσιγγάνων χαλκιάδων. Οι μουσουλμάνοι κατοικού-

51. Άποψη της πόλης των Γρεβενών, κάποια Παρασκευή, μέρα του παζαριού.

52. Στα τέλη του 20ού αιώνα λιγοστοί είναι οι νομάδες που εξακολουθούν να κατεβαίνουν πεζοί από τα ορεινά βοσκοτόπια προς τη Θεσσαλία περνώντας πάντα από τις παρυφές της πόλης των Γρεβενών.

53, 54. Λίγα κεράσια από το γειτονικό χωριό Αμυγδαλιές, η πλούσια ψαριά της λίμνης της Καστοριάς, όλα φθάνουν φρέσκα στο παζάρι των Γρεβενών.

σαν κυρίως στο Ντορούτ, κοντά στο τζαμί και τα δημόσια κτίρια και όχι μακριά από την ασφάλεια του μεγάλου τούρκικου φρουρίου του Βελή Μπέη, όπου διέμενε ισχυρή φρουρά. Μετά τη Μπάρα εκτείνονταν τα υγρά λιβάδια του Μερά, όπου γινόταν η μεγάλη ζωοπανήγυρις του Αχίλλη, στις 16 Μαΐου, μέρα του Αγίου Αχιλλείου, προστάτη της πόλης και ενδημικού αγίου της ζώνης επιρροής της Θεσσαλίας.

Μετά την ένωση με την Ελλάδα, τα Γρεβενά συγκεντρώνουν τις διοικητικές εξουσίες της επαρχίας και αποκτούν τοπικά έναν όλο και πιο ισχυρό εμπορικό ρόλο. Αν και δεν μπορούν να συναγωνιστούν την Κοζάνη, που την ίδια περίοδο αναπτύσσεται δυναμικά σε πόλη της

52

μεταποίησης, τα Γρεβενά κερδίζουν το ενδιαφέρον των τεχνιτών της Κοζάνης, που έρχονται να εγκατασταθούν κατά την περίοδο του Μεσοπολέμου στο ελάχιστα ανταγωνιστικό περιβάλλον της ανώριμης πόλης, δίπλα στους εμπόρους και τους παραδοσιακούς τεχνίτες της Πίνδου, που έχουν ήδη μετοικήσει από τα χωριά στην πόλη αναζητώντας μια πιο κεντρική θέση και μια καλύτερη προοπτική. Μία ή δύο δεκαετίες αργότερα, οι παλιοί τεχνίτες θα στραφούν σε νέα επαγγέλματα, μεταθέτοντας τα παλιά στη θέση του επιθέτου, Κυρατζής (αγωγιάτης) ή Σαμαράς (σαγματοποιός).

Το τζαμί στην πλατεία Ελευθερίας έχει ήδη πέσει από το 1925, σηματοδοτώντας την οριστική απομά-

53

54

κρυνση από το βαλκανικό παρελθόν. Στη θέση του θα υψωθεί ένα άκομψο κωδωνοστάσιο, γύρω από το οποίο κάθε Παρασκευή απλώνεται το παζάρι, ένα δίχτυ αγαθών και σχέσεων ανάμεσα στις γυναίκες της πόλης, τις μαντηλοδεμένες χωρικές, τους βιαστικούς υπαλλήλους και τους πλανόδιους εμπόρους που έρχονται τα ξημερώματα από την Κοζάνη μαζί με αγρότες από τα γύρω χωριά και διαλαλούν τα αγαθά τους: πλεξάνες σκόρδα από τη Ξηρολίμνη, κεράσια από τις Αμυγδαλιές, πέστροφες από τις μεγάλες λίμνες της δυτικής Μακεδονίας, ελιές και υφαντά, πορσελάνες και πορτοκάλια. Εδώ η λέξη «παζάρι» σημαίνει και αγορά και διαπραγμάτευση και όλα, η προέλευση, η τιμή, η αξία, η ποιότητα, ελέγχονται και επανατοποθετούνται. Για ένα διάστημα, με την άνθηση των σούπερ μάρκετ, η υπαίθρια αγορά του παζαριού κλονίστηκε, αλλά γρήγορα ξαναβρήκε το στίγμα της ως σημείο συνάντησης όλων των παραμέτρων και των ελευθεριών που δεν μπορούν να ζήσουν κάτω από μια στέγη.

Τις τελευταίες δεκαετίες, η πόλη πέρασε από όλα τα στάδια του νεοελληνικού εκσυγχρονισμού. Ωστόσο η δομή της παραμένει απλή και, σε συνδυασμό με τις μικρές αποστάσεις, κρατά τις καθημερινές λειτουργίες εύκολες σαν την «καλημέρα». Τα πρωινά, ο χλωμός ήλιος διαλύει τη συνηθισμένη ομίχλη και ανοίγει τα σχολεία, την αγορά, τους φούρνους και τα μπουγατσάδικα. Το βράδυ η πόλη συναντιέται στους πεζόδρομους γύρω από την κεντρική πλατεία, συνεχίζοντας το παλαιότατο τελετουργικό της βόλτας. Ανάμεσα στα ορόσημα της πρωινής δουλειάς και της βραδυνής βόλτας, η ζωή στην πόλη των Γρεβενών διατηρεί όλα τα συστατικά της θαλπωρής και της ανίας που είναι τόσο γνώριμα, κοινά και μερικές φορές καλοδεχούμενα στις μικρές κοινωνίες της ελληνικής επαρχίας. Εδώ ζει κανείς την ανακουφιστική αίσθηση ε-

νός μεγάλου συγγενικού κύκλου, καθώς οι σχέσεις βλα-
σταίνουν μόνες τους, σχεδόν αναπόφευκτα. Οι άνθρωποι
γνωρίζονται από μικρά παιδιά και παρακολουθούν ακού-
σια ο ένας τη ζωή του άλλου, βιώνοντας την αυθόρμητη
αλληλεγγύη των ευγενών ψυχών. Ταυτόχρονα, στα περι-
θώρια της πόλης, η σχέση των κατοίκων με τη γη ανανεώ-
νεται στο λαχανόκηπο πίσω από την πολυκατοικία ή σε
κάποιο μικρό αμπέλι. Αυτή η επαφή με τη γη, χωρίς αμ-
φιβολία, ανάλογη με εκείνη που σπρώχνει τους βίαια α-
στικοποιηθέντες κατοίκους της Αθήνας να αραδιάσουν
παράταιρα εξοχικά στις αττικές παραλίες, συντηρεί στον
Γρεβενιώτη τις δυνάμεις του αυτοπροσδιορισμού του.

Από την άλλη πλευρά, αυτή η συνάφεια των ανθρώ-
πων αλλά και η δημογραφική ευρωστία της πόλης των
Γρεβενών εξασφαλίζουν την επιβίωση κάποιων μορφών
συνεύρεσης και ανάτασης, όπως ο κινηματογράφος, η
μουσική και το ομαδικό ξεφάντωμα, που συνιστούν εκ-
φάνσεις μιας κοινωνικότητας ενδημικής του άστεως και
οι οποίες δεν εμφανίζονται στα χωριά παρά άτακτα ή ε-
πετειακά. Σχεδόν κάθε βράδυ, τα σχήματα των ντόπιων
μουσικών ανακινούν τη βάση της διασκέδασης και εξα-
σφαλίζουν εύκολα υ διαιώνισή τους στηριγμένα στην

55. Παζαρέματα.

56. Τα Γρεβενά γεννούν μουσικούς με μια απλή κίνηση,
όπως αλλού βγαίνουν μαστόροι ή φουρναραίοι. Τα βράδια
το τραγούδι σκεπάζει το φτηνό ντεκόρ της ταβέρνας και
ξορκίζει το μακρύ χειμώνα.

57. Γρεβενά, Καθαρή Δευτέρα στη τοποθεσία Μαντρί Γκούμα.
Με κάθε ευκαιρία, γιορτή, πανηγύρι ή γλέντι οι μελαψοί "γυρο-
λόγοι" της μουσικής διαιωνίζουν τους βαλκανικούς ρυθμούς.

57

ακαταμάχητη ανάδυση του τραγουδιού και του χορού. Πιο δύσκολη ήταν η πορεία του κινηματογράφου, που εκθρονίστηκε οριστικά από την ηλεκτρονική εικόνα. Σήμερα, ο μικρός δημοτικός κινηματογράφος που φέρει τιμητικά το όνομα των αδελφών Μανάκη περισώζει την αίγλη των τριών αιθουσών που είχε κάποτε η πόλη. Οπωσδήποτε, πολύ πιο ισχυρή παραμένει η έλξη των παμπάλαιων εθίμων και των μεγάλων θρησκευτικών και εθνικών γιορτών, που συγκεντρώνει από τις συνοικίες της πόλης ένα πλήθος που δεν συμμετέχει στα νυχτερινά γλέντια και αισθάνεται άβολα στο σκοτάδι του κινηματογράφου. Αυτές τις μέρες, στις πίσω σειρές της παρέλασης ή στον ψίθυρο του Επιτάφιου εμφανίζονται οι παλιοί Γρεβενιώτες, ηλικίες και φυσιογνωμίες που φωτίζονται φευγαλέα στην αχλή της καθημερινότητας. Η παρουσία τους κορυφώνεται στο ανοιξιάτικο έθιμο του Φανού, όπου η πόλη γιορτάζει με πάθος το διονυσιακό συστατικό της Κυριακής της Αποκριάς, ζωντανεύοντας μια παράδοση που επιβιώνει σε ολόκληρη τη ζώνη από τον Τύρναβο μέχρι την Πίνδο. Αργά το βράδυ, κάτω από το πέπλο της νύχτας και με τα πρόσωπα δαιμονικά αλλοιωμένα από το χρώμα της φλόγας, νέοι και γέροι θα σύρουν το χορό γύρω από τη μεγάλη φωτιά των κέδρων και θα εκστομίσουν με θάρρος στίχους για όλες τις κρυφές, γενετήσιες και χθόνιες πράξεις που μπορούν να σκεφτούν, διεγείροντας έτσι τον οργασμό της γης που κορυφώνεται εκείνη τη βραδιά, καθώς πετά από πάνω της τα κτερίσματα της χειμερινής νάρκης και αποκαλύπτει τις ομορφιές τής νέας εφηβείας της.

58

58, 60. *Γρεβενά, Κυριακή της Αποκριάς. Το έθιμο του Φανού.*

59. *Ο ζωγράφος Τέλης Βαρσάμης στο ατελιέ του στα Γρεβενά.*

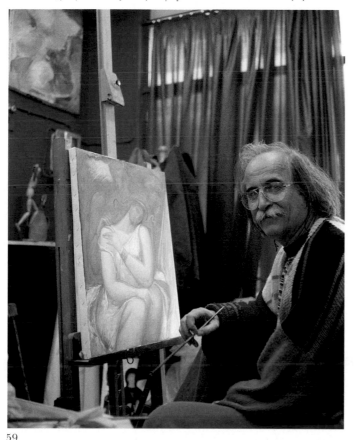

59

60

Διαδρομές
στο χώρο

Η πόλη και οι δορυφόροι της

Η πόλη των Γρεβενών, πρωτεύουσα και μεγαλύτερος οικισμός του νομού, βρίσκεται στο σημείο τομής των ακτινωτών δρόμων που έρχονται από την Ήπειρο, τη Μακεδονία και τη Θεσσαλία. Τη διαδικασία της χωροθέτησης της πόλης μπορούμε να ψηλαφίσουμε στις σημερινές οδικές αρτηρίες, καθώς οι χαράξεις τους περνούν πάνω από τους παλιούς δρόμους των καραβανιών. Από τους τέσσερις άξονες που σήμερα συναντώνται στην πόλη, οι δύο είναι τμήματα του εθνικού δικτύου. Η σύνδεση της πόλης με τη Θεσσαλία και την Αθήνα γίνεται μέσω της γέφυρας του Ελευθεροχωρίου στον Βενέτικο, που στηρίζεται στα ίδια κροκαλοπαγή βάθρα με την παλιά γέφυρα των Γρεβενών. Αντίστοιχα, η οδική σύνδεση με την Κοζάνη ακολουθεί τον παλαιότατο δρόμο μέσω Μπάρας. Το πρόβλημα της διάβασης του Αλιάκμονα έχει λυθεί οριστικά με τη νέα υπερυψωμένη γέφυρα, αλλά για πολλά χρόνια ακόμα θα μένει ζωντανή στα Γρεβενά η ανάμνηση της απομόνωσης λόγω της δυσκολίας διέλευσης του ποταμού, που για ένα διάστημα πριν τον Β΄ Παγκόσμιο πόλεμο γινόταν με μια μικρή πλωτή εξέδρα, το περίφημο «καράβι». Στα δυτικά, η δίοδος επικοινωνίας με την Ήπειρο, που δρασκελίζει πάντα το πέρασμα του Ζυγού, εξυπηρετείται από ένα κλάδο του επαρχιακού δικτύου ακολουθόντας τα ίχνη της παλιάς ημιονικής οδού του 19ου αιώνα. Ο δρόμος αυτός περνά τον Βενέτικο και τον Σταυροπόταμο με τη βοήθεια δύο σύγχρονων γεφυρών, που δεν απέχουν πολύ από τα πετρόχτιστα γεφύρια του Σπανού και του Σταυροποτάμου, και φτάνει στο Μέτσοβο, αφού περιπλανηθεί σε υψόμετρο 1600 μέτρων. Τέλος, ο παλιός δρόμος της ανοιξιάτικης και φθινοπωρινής μετακίνησης των βλάχικων κοπαδιών, που από τη Σαμαρίνα πλεύριζε τα Γρεβενά για να καταλήξει στη Θεσσαλία, απέκτησε έναν κλάδο που εξυπηρετεί τις χειμερινές μετακινήσεις προς το χιονοδρομικό κέντρο της Βασιλίτσας. Μετά το χιονοδρομικό και τη Σαμαρίνα, δασικοί δρόμοι συνεχίζουν προς το Δίστρατο, τα Άρματα ή προς τη Φούρκα και το καλοκαίρι εξασφαλίζουν τη σύνδεση με την Κόνιτσα.

Ο σημερινός οικιστικός πυρήνας της πόλης στεγάζει γύρω στις 15.000 ανθρώπους. Οι παλιές συνοικίες έχουν ενωθεί και ένας ενιαίος δομημένος μανδύας απλώνεται από τη Μάνα μέχρι τον Μερά και από τα Τσακάλια μέχρι τα Αμπέλια. Το κέντρο, που για πολλά χρόνια αναπτύχθηκε καθ' ύψος απορροφώντας συνολικά την οικιστική ανάπτυξη της πόλης, έφτασε στον κορεσμό ωθώντας τα νέα νοικοκυριά να αναζητήσουν διέξοδο προς τις περιφερειακές συνοικίες, που αρχίζουν να ανακτούν την αξία τους. Η πλατεία Αιμιλιανού εξωραΐστηκε, εναρμονιζόμενη με τις μοντέρνες όψεις των καταστημάτων και των τραπεζών που την περιβάλλουν. Το εμπόριο ενδημεί στην ανατολική πλευρά, ενώ η παλιά βιοτεχνική ζώνη κινείται παράλληλα με το ποτάμι, από το δυτικό μέχρι το ανατολικό άκρο της πόλης, προωθώντας τις νεότερες επεκτάσεις της στο δρόμο προς την Κοζάνη και την έξο-

61. Απαλοί κυματισμοί στο γεωργικό τοπίο.

62. Το γεφύρι του Σταυροποτάμου, παραπόταμου του Βενέτικου.

63

δο προς τα χωριά της Πίνδου. Το διοικητικό κέντρο, που καταλαμβάνει σήμερα τους κεντρικούς δρόμους, αργά αλλά σταθερά μετατοπίζεται στις μεγάλες δημόσιες εκτάσεις προς την ανατολική είσοδο της πόλης.

Μέσα από το εμπόριο και τη μεταποίηση, τα Γρεβενά διατηρούν τη βαρύτητά τους σε όλο το δυτικό τμήμα του νομού. Η έλξη της πόλης είναι κυρίαρχη σε μια περιοχή που περικλείει τη λεκάνη του Γρεβενίτη και τις απολήξεις των ραχών του Βοΐου, όπου περιλαμβάνονται 17 οικισμοί. Στην πλειονότητά τους πρόκειται για μικρά χωριά άμεσα εξαρτημένα από τα Γρεβενά τα οποία, καθώς η πόλη κατακτά οριστικά το αστικό της πρόσωπο, αποτελούν τους αγροτικούς δορυφόρους της. Είναι πολύ ενδιαφέρον να παρακολουθήσει κανείς τη σταδιακή μεταβίβαση λειτουργιών από την πόλη που διαστέλλει στους οικισμούς αυτούς οι οποίοι παραλαμβάνουν τις κτηνοτροφικές εγκαταστάσεις, τη ζώνη της δεύτερης κατοικίας, το ιδιωτικό αναψυκτήριο με τις πισίνες, το μεγάλο κέντρο διασκέδασης και μια σειρά από εξοχικά κέντρα. Οι οριζόντιες επικοινωνίες ανάμεσα στα χωριά ήταν παλιότερα εξίσου σημαντικές με τις σημερινές ακτινωτές, αλλά το δίκτυο των διασυνδετικών μονοπατιών δεν έχει διανοιχτεί ή εξυπηρετείται από μικρούς αγροτικούς δρόμους, που δεν εμφανίζονται στους χάρτες. Οι περισσότεροι από αυτούς τους οικισμούς βρίσκονται πάνω σε άξονες ραχών, ώστε να έχουν άμεση θέα προς την πόλη. Λίγοι μόνο κρύβονται στις καμπές των μικρών κοιλάδων ενός

63, 64. Χτισμένο για πρώτη φορά στα τέλη του 14ου αιώνα, το πεντάτοξο γεφύρι που εξασφάλισε το πέρασμα του Βενέτικου χρειάστηκε να επισκευαστεί πολλές φορές. Η τελευταία ανακατασκευή στις αρχές του 19ου αιώνα χρηματοδοτήθηκε από τον Μουσταφά Αγά, τον επωνομαζόμενο Σπανό, που του έδωσε και το όνομά του.

64

δενδριτικού δικτύου ρεματιών και χειμάρρων, που συγκλίνουν διαδοχικά και σχηματίζουν το μικρό παραπόταμο του Αλιάκμονα, τον Γρεβενίτη.

Πολύ κοντά στην πόλη και κρυμμένος στην εσοχή μιας μικρής ρεματιάς βρίσκεται ο Δοξαράς, που άλλοτε λεγόταν Μπούρα. Παλιός κτηνοτροφικός συνοικισμός, ο Δοξαράς αποτελεί σήμερα τη ζώνη επέκτασης των Γρεβενών, προσφέροντας μια επίφαση εξοχικής κατοικίας σε αυτούς που δουλεύουν στην πόλη. Λίγο έξω από τον κυριότερο δρόμο για τα Μαστοροχώρια του Βοΐου, η Κυρακαλή βρίσκεται πολύ κοντά στις εργατικές κατοικίες των Γρεβενών και στην περιοχή των αγροτικών βιοτεχνιών της πόλης. Το χωριό δεν έχει συνάψει παρά περιορισμένες σχέσεις με την πόλη και εξακολουθεί να ζει στην αγροτική αδράνειά του. Πιο πέρα, στον κύριο δρόμο που ανηφορίζει προς τα χωριά του Βοΐου και σκαρφαλωμένο πάνω σε μια μακριά ράχη, το Οροπέδιο, η παλιά Βελιά, σηματοδοτεί το όριο της ακτίνας επιρροής της πόλης των Γρεβενών. Το χωριό είναι πλαισιωμένο από σταροχώραφα που απλώνονται στις ομαλές κλίσεις της ράχης, ενώ τα λιγοστά δρυοδάση κρύβονται στα απότομα πρανή των ρεματιών. Στην απέναντι ράχη βρίσκεται ο Έλατος, οικισμός μικτής οικονομίας, που έζησε τις πιο λαμπρές μέρες του στις αρχές του αιώνα με το όνομα Δόβρανι, ενώ λίγο παραπάνω, σε μια πτυχή του αναγλύφου κρύβεται το Κάστρο. Τα μεγάλα πετρόχτιστα τετράγωνα σπίτια του Κάστρου υποδηλώνουν μια ανεξήγητη ευημέρεια για το μικρό οικισμό, χαμένη τώρα στα ερείπια και βεβηλωμένη από τα νεότερα κτίσματα που υψώνονται σε όλο το χωριό. Μια ανάβαση στη μικρή κορφή που στέκει άδεια και κατασκαμμένη επικυρώνει το όνομα του χωριού. Κατάλοιπα βυζαντινής τοιχοδομίας μαρτυρούν ότι το Κάστρο,

65

65. Ανάμεσα στο Σειρήνι και τα Γρεβενά.

66. Κάστρο, πετρόχτιστη οικία.

67. Κάστρο, μουσουλμανικό λιθανάγλυφο σε δεύτερη χρήση σε τοιχοποιία οικίας.

67

χάρη στην έξοχη θέα του σε ολόκληρο τον ύπουλο λαβύρινθο των μολασσικών λόφων, επιλέχτηκε για την εγκατάσταση ενός από τα κύρια οχυρά της περιοχής. Από το Κάστρο ο παλιός δρόμος διάβαινε ένα μικρό πέτρινο γεφύρι για να φτάσει στο Μέγαρο. Τέλος, στον αγκώνα της ράχης που συνεχίζει πάνω από ιον Έλατο, η Καληράχη συνδύασε την ανοιχτή θέα που παρείχε ασφάλεια με ένα φυσικό σταυροδρόμι. Γιατί η Βραβόνιστα, όπως ήταν το παλιό της όνομα, θεμελιώθηκε στο σημείο που ο δρόμος από τα Γρεβενά προς το Δοτσικό, πριν αναδιπλωθεί προς το Μέγαρο, συναντά το παλιό μονοπάτι από τα Αναβρυτά.

Από την άλλη πλευρά του ορίζοντα, πάνω από τη νοτιότερη συνοικία της πόλης των Γρεβενών, απλώνεται το μικρό υψίπεδο Πατώματα. Στην περίμετρό του επιβιώνουν ακόμα κάποιοι αγροτικοί οικισμοί, ενώ άλλοι απορροφήθηκαν από την πόλη, όπως το Καλαμίτσι, που δεν διατηρεί παρά γεωργικές αποθήκες και σταύλους. Στο ανατολικό όριο του οροπεδίου, το Καλόχι βίωσε λιγότερο επώδυνα τη γειτνίασή του με την πόλη και διατήρησε την υπόστασή του, παρ' όλο που οι περισσότεροι –μη αγρότες– κάτοικοί του δουλεύουν ή ζουν σ' αυτή. Το Καλόχι αποτελεί τον πόλο δύο ακόμα χωριών που βρίσκονται κοντά στις όχθες του Αλιάκμονα. Το πρώτο, ο Μεσόλακκος, το παλιό Ζυγόστι, υφίσταται αδιαμαρτύρητα τη σταδιακή απώλεια του αγροτικού του προσώπου. Το δεύτερο, η Αγάπη, διατηρεί στην αντίπερα του ποταμού όχθη τις αγροτικές ελπίδες της και καλλιεργεί επίμονα τα βαριά

68. *Καλόχι, εκκλησία μετά το σεισμό.*

69. *Καλός οιωνός πάνω από το Μικρό Σειρήνι.*

68

χώματα των Βεντζίων. Τα ατσάλινα υνιά των μεγάλων τρακτέρ ξεθάβουν πότε πότε κτερίσματα αρχαίων τάφων και βυζαντινά κεραμίδια, ενώ η παράδοση διατηρεί τη μνήμη κάποιου χαμένου μοναστηριού που έσβησε στα χρόνια που οι κάτοικοι του χωριού, που τότε λεγόταν Ράτζη, έγιναν από ανάγκη Βαλαάδες.

Στα βόρεια της πόλης των Γρεβενών, ζει ένα από τα πιο δυναμικά χωριά του νομού, το Μεγάλο Σειρήνι. Χωρίζεται από το Μικρό Σειρήνι με τον Πανερίτικο Λάκκο και από τα Γρεβενά με τη μεγάλη ρεματιά Λειψοκούκι, που κατεβαίνει από τον Κουτσόραχο, και κρύβει στις πτυχές της ένα παλιό μονόκλιτο ξωκλήσι με υπόγεια κρύπτη. Τα δύο χωριά, που ήταν και παραμένουν συγγενείς οικισμοί, συνθέτουν την πιο πολυάνθρωπη κοινότητα μέσα στην ακτίνα επιρροής της πόλης. Προϊόν συνένωσης τεσσάρων συνοικισμών, το Μεγάλο Σειρήνι διατηρεί τη θέση του από τα Ελληνιστικά χρόνια. Σήμερα, κάθε πρωί οι νέοι από το Μικρό Σειρήνι κατεβαίνουν για δουλειά στην πόλη, ενώ ο γαλατάς από το Μεγάλο Σειρήνι φορτώνει στο αυτοκίνητο λίγα εκατόλιτρα γάλα για να τα μοιράσει στα σπίτια των Γρεβενών που έχουν αφήσει, σαν συνωμοτικό σημάδι, ένα δίλιτρο παγούρι, με κόκκινη ή μπλε κορδελίτσα, δίπλα στην πόρτα.

Στα ανατολικά, στο χείλος των απόκρημνων πρανών του Αλιάκμονα, ο Ασπρόκαμπος, μικρός αγροτικός οικισμός, υποτάχτηκε στη μοίρα των χωριών που βρέθηκαν έξω από τους κύριους οδικούς άξονες. Και ενώ ο Ασπρόκαμπος αποδυναμώθηκε, η Μυρσίνα ενέδωσε εύκολα στη μικρή μετακίνηση που της εξασφάλιζε την πρόσβαση στην εθνική οδό, ενδυόμενη ταυτόχρονα τη στολή του παρόδιου σταθμού με το πρατήριο βενζίνης και τις ταβέρνες. Η Μυρσίνα στην πρώιμη Τουρκοκρατία ήταν μια μικρή μάζωξη από αγροτικά καλύβια, που εξισλαμίστηκε και πήρε το όνομα Τρανό Κοπλάρι.

69

70. *Χειμωνιάτικα φυτώρια στον Μεσόλακκο.*

71. *Χορτονομή στον Βατόλακκο.*

72. *Κτηνοτρόφοι στον Βατόλακκο.*

70

71

73

Σήμερα το χωριό εκμεταλλεύεται τις σχετικά επίπεδες εκτάσεις της ράχης ανάμεσα στον Αλιάκμονα και τον Γρεβενίτη. Το δρόμο της μετατόπισης πήρε και ο Βατόλακκος, που αφού δίστασε για χρόνια να εγκατασταθεί στη ράχη, τελικά θρονιάστηκε για τα καλά στο πλάι της ρεματιάς που κατηφορίζει προς τον Αλιάκμονα, κοντά στα θερμοκήπια του. Το χωριό, ξαναχτισμένο χωρίς κάποιο ιδιαίτερο χαρακτήρα ανάμεσα στα μεγάλα σταροχώραφα και τις λεύκες της κοιλάδας, δεν διατηρεί καμιά ορατή υπενθύμιση του παρελθόντος του που έσβησε μαζί με το παλιό του όνομα –Ντοβράτοβο– και τα παλιά πλινθόχτιστα σπίτια του.

Και στους δρόμους που ανηφορίζουν προς τα Κουπατσαραίικα χωριά και τα Βλαχοχώρια, όπου η χιονισμένη ανάσα της Πίνδου δεν είναι πια απλό φόντο αλλά παγερή πραγματικότητα, βρίσκονται τα δύο δυτικότερα χωριά της ενότητας των Γρεβενών, οι Μαυραναίοι και το Μαυρονόρος. Το μεγαλύτερο, οι Μαυραναίοι, διστάζει για το χαρακτήρα που πρέπει να κρατήσει έχοντας ήδη δεχτεί ένα μέρος της δεύτερης κατοικίας της πόλης των Γρεβενών. Οπωσδήποτε οι Μαυραναίοι δεν ήταν ποτέ ορεινό χωριό. Κάποτε ήταν χτισμένοι χαμηλότερα, στο Πολιτσάρι, εκεί όπου έχουν βρεθεί και αρχαία αρχιτεκτονικά μέλη. Αργότερα το χωριό ανέβηκε στη σημερινή του θέση, πολύ κοντά στο Μαυρονόρος, με το οποίο μοιράζεται πια τη μοναδική τοποθεσία ακριβώς ανάμεσα στα χωριά της Πίνδου και τον Αλιάκμονα. Πραγματικά το Μαυρονόρος, σοφά τοποθετημένο στο πρώτο ομαλό σημείο κάτω από τα βουνά και στο όριο ανάμεσα στο δάσος και το χωράφι, παρέμεινε για πολλούς αιώνες το σημείο συνάντησης και συναλλαγής της ορεινής οικονομίας με το γεωργικό κόσμο. Ήδη από τον 16ο αιώνα, η συνάντηση αυτή είχε πάρει οργανωμένη μορφή και εξελίχθηκε σε μία από τις μεγαλύτερες εμποροπανηγύρεις στο βιλαέτι Μοναστηρίου.

73. Μαυρονόρος, η κατάγραφη εκκλησία της Αγίας Κυριακής, στέκει διακριτικά στην άκρη του χωριού.

74, 75. Μαυρονόρος, το ανθρώπινο προσπαθεί να εκφραστεί μέσα από το θείο και το θείο συναντά το ανθρώπινο στις αγιογραφίες της Αγίας Κυριακής.

74

75

Τα βλαχοχώρια

Στη νότια Ελλάδα, η λέξη «βλάχος» στην επαγγελματική και κοινωνική της έννοια σημαίνει απλά κτηνοτρόφος. Στην Πίνδο ωστόσο, η λέξη Βλάχος έχει ένα ιδιαίτερο πολιτισμικό περιεχόμενο και αναφέρεται σε ένα από τα πιο αυθεντικά βαλκανικά φύλα που έχει ως αναπόσπαστο χαρακτηριστικό του τη μετακίνηση, στο πλαίσιο της ποιμενικής ζωής ή του εμπορίου. Τα στοιχεία που διαφοροποιούν τους Βλάχους από τους άλλους ελληνόφωνους κτηνοτρόφους της Βαλκανικής είναι αρκετά, αλλά όχι τόσα ώστε να στοιχειοθετήσουν την αναγκαιότητα της αναζήτησης μιας ιδιαίτερης καταγωγής. Παιδιά του χωνευτηρίου της Βαλκανικής, όπου στο ίδιο καζάνι έβραζαν τρεις θρησκείες, πέντε φύλα και έξι γλώσσες, οι Βλάχοι μιλούν μια ιδιωματική λατινογενή γλώσσα, τα βλάχικα, αλλά και τα ελληνικά, είναι όλοι χριστιανοί και είχαν πάντοτε ελληνική συνείδηση. Ασκούν την κτηνοτροφία σε μια ιδιότυπη ημινομαδική μορφή, κινούμενοι ανάμεσα σε σταθερά χειμαδιά και θερινά βοσκοτόπια διατηρώντας ταυτόχρονα κανονικά σπίτια στο ορεινό χωριό. Διαφέρουν έτσι από τους Σαρακατσαναίους, που ήταν γνήσιοι νομάδες χωρίς σταθερή στέγη. Αν και η παρουσία των Βλάχων ανιχνεύεται ήδη από τον 10ο αιώνα, η δραστηριότητά τους εντείνεται μετά τον 17ο αιώνα, όταν έχουν πια εδραίους πληθυσμούς, έχουν οργανώσει δίκτυα μεταφορών αναπτύσσοντας σχέσεις με την Ευρώπη, έχουν κατακτήσει το μεταποιητικό τομέα αποκτώντας μ' αυτό τον τρόπο σημαντική οικονομική δύναμη.

Η Πίνδος για τους Βλάχους δεν είναι απλά και μόνο βοσκοτόπια και θερινά χωριά. Ο Σμόλικας και η Σαμαρίνα, το ψηλότερο βουνό της ενδοχώρας και ο ψηλότερος βλάχικος οικισμός αντίστοιχα, είναι η βίγλα τους, το σημείο από όπου αγναντεύουν τον κόσμο και τα άλλα βουνά, όπου οι ομόφυλοί τους έχουν τις στρούγκες, και τους κάμπους, όπου βρίσκονται τα χειμαδιά τους. Εδώ, θα σταθούμε στα Βλαχοχώρια των Γρεβενών, πέντε αετοφωλιές που περιτρέχουν σαν διάδημα την ανατολική Πίνδο σε μια γραμμή που υψομετρικά δεν πέφτει κάτω από τα 1200 μ.

Στα βόρεια, η Πίνδος υψώνει το ψηλότερο και πιο ονομαστό σημείο της, το νεφοσκεπή Σμόλικα, ένα περίπλοκο και απόκρημνο σύμπλεγμα που φτάνει τα 2637 μ. και θέτει το δυτικό όριο της μολασσικής αυτοκρατορίας του Βοΐου. Αν και λιγότερη από τη μισή έκταση του Σμόλικα ανήκει στο νομό Γρεβενών, οι Γρεβενιώτες και ειδικά οι Σαμαρινιώτες τον θεωρούν δικό τους βουνό. Σκαρφαλωμένη στα 1450 μ. στις ανατολικές πλαγιές του Σμόλικα, η Σαμαρίνα, προσθέτει στον τίτλο του οικισμού που βρίσκεται ψηλότερα από κάθε άλλον στην Ελλάδα, τη δόξα του μεγαλύτερου βλαχόφωνου χωριού του νομού. Ο οικισμός χρωστά τη θέση του και τις δύο πρωτιές του στην πετυχημένη επιλογή των αρχηγών των βλάχικων καταυλισμών, που κάπου στον 16ο με 17ο αιώνα, αποφάσισαν να συγκεντρώσουν τα κονάκια τους σε ένα ευρύχωρο πλάτωμα με άφθονες πηγές, κοντά στο Σαμαρινώτικο

76. Η Σαμαρίνα στις πλαγιές του Σμόλικα.

ρέμα. Στα τέλη του 18ου αιώνα, η Σαμαρίνα προσάρτησε την περιοχή του Χελιμοδίου, διώχνοντας το βουλγαρόφωνο συνοικισμό, και μπήκε σε μια περίοδο μεγάλης ακμής που δεν διακόπηκε ουσιαστικά ποτέ. Στις αρχές του 19ου αιώνα, η Σαμαρίνα παρουσιάζει το σπάνιο φαινόμενο ορεινού χωριού με οικονομία στηριγμένη όχι μόνο στα κοπάδια και το δάσος αλλά και στη βιοτεχνία, το εμπόριο, τις υπηρεσίες και μια ιδιαίτερη επίδοση στην αγιογράφηση κινητών εικόνων από συνάφια Σαμαρινιωτών ζωγράφων που καλύπτουν όχι μόνο τις τοπικές ανάγκες, αλλά εργάζονται και σε άλλες περιοχές φτάνοντας μέχρι την Πελοπόννησο. Φυσικά, η κύρια πηγή πόρων ήταν η κτηνοτροφία –το χωριό έφτασε στην ακμή του να έχει 80.000 γιδοπρόβατα– και τα επαγγέλματα του ξύλου –μόνο στη Βάλια Κίρνα (την κοιλάδα των Δαιμόνων), λειτουργούσαν πέντε νεροπρίονα. Σήμερα η Σαμαρίνα είναι ένας ευτυχής παραθεριστικός οικισμός, και αναμετρά την αίγλη του στον πλούτο των παιδιών του, που συρρέουν κάθε Αύγουστο για να πάρουν μέρος στο λαμπρό πανηγύρι και να επιβεβαιώσουν τη συνοχή τους στο μεγάλο χορό του Τσάτσου.

77

78

77, 78. Τη μέρα του Δεκαπενταύγουστου, ο Σαμαρινιώτης θα γλεντήσει και θα χορέψει όλη μέρα, χωρίς να λογαριάσει τα χαρτονομίσματα που θα γλιστρούν από το κούτελο στην τσέπη του τσιγγάνου κλαρινιτζή. Την επομένη, στις 16 Αυγούστου, όλο το χωριό θα συναχτεί στη μεγάλη αυλή της εκκλησίας της Σαμαρίνας για το μεγάλο χορό "Τσάτσο".

Νότια του Σμόλικα αρχίζουν τα ανάγλυφα της Βασιλίτσας, του ορεινού συγκροτήματος που χωρίζει με τις μακρύτατες ράχες του τη λεκάνη του Βενέτικου σε μεγάλες κοιλάδες και φιλοξενεί το Περιβόλι, την Αβδέλα και τη Σμίξη. Η Σμίξη, το κοντινότερο βλαχοχώρι στη Σαμαρίνα, ήταν ένα μικρό χωριό, τουλάχιστον για τα δεδομένα των Βλάχων. Το όνομα του χωριού μνημονεύει το σμίξιμο των οικισμών Πινακάδες και Μπίγκα, που ρήμαξαν γύρω στα τέλη του 15ου αιώνα. Στο πρότυπο των άλλων Βλαχοχωριών, οι Σμιξιώτες ήταν κυρίως κτηνοτρόφοι και τεχνίτες του ξύλου, ειδικευμένοι στην κατα-

79. *Βασιλίτσα, βραδιές στο καταφύγιο.*

80. *Βασιλίτσα, χιονοδρομικό κέντρο.*

79

80

81

σκευή ξύλινων οικιακών σκευών. Τα πλούσια ρεύματα κινούσαν τα νεροπρίονα αλλά και τους νερόμυλους, αφού αρκετοί κάτοικοι του χωριού ασχολούνταν με τη γεωργία αξιοποιώντας τις στενές λουρίδες εύφορης γης του Σμιξιώτικου ρέματος. Από την περίοδο εκείνη δεν υπάρχουν παρά δύο εκκλησίες του 18ου αιώνα για να θυμίζουν, μαζί με το πετρόχτιστο σχολείο, την αλλοτινή μορφή του χωριού. Τώρα η Σμίξη έχει αφοσιωθεί ολόψυχα στο χειμερινό τουρισμό και μαζί με το χιονοδρομικό κέντρο της Βασιλίτσας συνθέτουν ένα από τους πιο γνωστούς προορισμούς στη Βόρεια Ελλάδα.

Πίσω από τη ράχη της Βασιλίτσας, κρύβεται η Αβδέλα, χωριό κάποτε πολύ πιο ζωντανό από τη Σμίξη, αφού αριθμούσε γύρω στα 350 σπίτια στις αρχές του αιώνα. Τόπος εκκίνησης φημισμένων αγωγιατών, τόπος επίσης με μεγάλα βοσκοτόπια και αναπτυγμένη βιοτεχνία ξύλου, η Αβδέλα έχασε τον πυρήνα του πληθυσμού της, τους κτηνοτρόφους που μετανάστευσαν μόνιμα στους λόφους της Βέροιας και παρήκμασε. Το καμάρι της Αβδέλας είναι ότι ανάμεσα στα άλλα λαμπρά παιδιά της συγκαταλέγονται και οι αδερφοί Μανάκη, οι πρωτεργάτες της φωτογραφικής και κινηματογραφικής τέχνης στα Βαλκάνια. Οι αδερφοί Μανάκη αποτύπωσαν σε φιλμ όλα τα βαλκανικά δρώμενα του πρώτου μισού του αιώνα μας, τον Μακεδονικό Αγώνα, την κατάρρευση της Οθωμανικής αυτοκρατορίας, την επανάσταση των Νεότουρκων, τους πολέμους και τις νέες ισορροπίες στα Βαλκάνια, αφήνοντας πίσω τους χιλιάδες φωτογραφίες και 70 κινηματογραφικές ταινίες, κυρίως ντοκυμανταίρ από τα ιστορικά γεγονότα αλλά και την καθημερινή ζωή στα Βλαχοχώρια, τη Θεσσαλονίκη και το Μοναστήρι.

Στα νοτιότερα ανάγλυφα της Βασιλίτσας και αντικριστά στον Λύγκο, βρίσκεται το Περιβόλι. Πριν από τρεις περίπου αιώνες, τρεις συνοικισμοί συνενώθηκαν κοντά

82

83

84

83, 84. Κάθε καλοκαίρι στο Περιβόλι, με την ευκαιρία του πανηγυριού αναβιώνουν τα τελετουργικά της συνάντησης, που περιλαμβάνουν τον εθιμικό χορό ενότητας στο "Κνίνικ" και ομαδικές αναμετρήσεις, όπως η συμβολική δημοπρασία της εικόνας στις ενοριακές εκκλησίες και το αγώνισμα του άλματος.

85. Φθινόπωρο στη Βάλια Κάλντα.

στο μοναστήρι του Αγίου Νικολάου, όπου οι επίπεδες εκτάσεις της κοιλάδας της Λούμνιτσας επέτρεπαν την καλλιέργεια λίγων δημητριακών και αμπελιών. Χωρίς να είναι γνωστό το πότε ο πρώτος αυτός οικισμός μεταφέρθηκε στη θέση του σημερινού χωριού, είναι βέβαιο ότι το Περιβόλι είχε στις αρχές του αιώνα πάνω από 400 σπίτια. Πέρα από τα κοπάδια, οι Περιβολιώτες ασχολούνταν με την υλοτομία στα μεγάλα δάση της κοινότητας, όπως άλλωστε κάνουν και σήμερα. Έσκιζαν τα ξύλα στα νεροπρίονα του χωριού, στον Ασπροπόταμο, τον Αράου Άλμπου όπως λέγεται στα

βλάχικα ο ανώτερος αυτός κλάδος του Βενέτικου. Τα καλύτερα λιβάδια του Περιβολίου ήταν στη Βάλια Κάλντα, την κοιλάδα που κρύβεται ανάμεσα στις τέσσερις κορφές του Λύγκου και απορρέει μέσα από το Αρκουδόρεμα προς τον Αώο. Στα πρόσφατα χρόνια, λόγω της πλούσιας δασικής βλάστησής της και του ρόλου της ως καταφυγίου για την άγρια ζωή, η Βάλια Κάλντα καταξιώθηκε με το χαρακτηρισμό του Εθνικού Δρυμού. Είναι ενδιαφέρον ότι και παλιότερα είχε επιβληθεί στην κοιλάδα, λημέρι των ληστών της περιοχής, ένα ιδιότυπο καθεστώς απαγόρευσης κάθε δρα-

85

86

στηριότητας. Ο Εθνικός Δρυμός Πίνδου, όπως είναι επίσημα γνωστή η Βάλια Κάλντα, έχει ταυτιστεί στη συνείδηση των φυσιολατρών με τα λημέρια της αρκούδας, παρ' όλο που το μεγάλο τετράποδο κινείται περισσότερο στα δρυοδάση παρά ψηλά στα βουνά. Ο επισκέπτης της κοιλάδας θα βρεθεί μπροστά σε ένα φιλικό ορεινό τοπίο, αυλακωμένο από άπειρα ρυάκια που χάνονται ανάμεσα στις χρυσαφένιες συστάδες της οξυάς και ταυτόχρονα κλεισμένο σε ένα ορίζοντα από κορυφές στολισμένες με μικρές αλπικές λίμνες, στις οποίες καθρεφτίζονται τα κόκκινα θραύσματα των οφιολίθων της Φλέγκας και του Αυγού.

Η Κρανιά βρίσκεται στις πλαγιές του Ζυγού, όνομα σημαδιακό για το κλειδί του ορεογραφικού τόξου ολόκληρης της Πίνδου. Η Κρανιά γεννήθηκε με τρόπο παρόμοιο με εκείνο των άλλων Βλαχοχωριών, μόνο που ο πυρήνας δεν ήταν ένας συνοικισμός κτηνοτρόφων, αλλά το χάνι της διαδρομής Ιωαννίνων - Γρεβενών, και το όνομά της άλλαξε από Τούργια σε Κρανιά, χάρη σε μια κρανιά που βρισκόταν κονιά στο χάνι. Οι έξι από τις επτά εκκλησίες του χωριού περιγράφουν αυτό που θα μπορούσε να ονομάσει κανείς συνεκτικό όριο του οικισμού και υπάρχει ένας τοπικός μύθος για το πώς ένα ζευγάρι μαύρα βόδια χάραξαν στη γη το όριο αυτό, πριν ταφούν τελετουργικά στα θεμέλια της εκκλησίας του Προφήτη Ηλία. Οι παραδόσεις μιλούν για τέσσερις συνοικήσεις που ενώθηκαν στο σημερινό χωριό στα χρόνια του Αλή Πασά, είτε επειδή τους εξανάγκασε ο μπέης της περιοχής, είτε γιατί οι ευκαιρίες απασχόλησης στην εξυπηρέτηση των καραβανιών και τη μεταφορά εμπορευμάτων δεν άφηναν αδιάφορους τους Κρανιώτες, που από γεωργοί και προβατάρηδες, βρέθηκαν και χανιτζήδες και κυρατζήδες. Ωστόσο τα καραβάνια μειώθηκαν στα τέλη του προηγούμενου αιώνα και στις αρχές του 20ού αιώνα οι 2.000 ψυχές του χωριού απασχολούνται στην κτηνοτροφία, τη γεωργία και το δάσος. Από τα αμπέλια και τα χωράφια με τα κηπευτικά και τα δημητριακά εκείνης της εποχής δεν σώζονται παρά λίγα περιβόλια. Σήμερα οι Κρανιώτες απολαμβάνουν όλο το χρόνο τα πλεονεκτήματα της παρόδιας θέσης του χωριού συνδυάζοντας τις προσόδους από το δάσος με την παροχή υπηρεσιών.

86. Το γεφύρι του Σταμπέκη στην Κρανιά.

87. Καταλύτης στην ατμόσφαιρα της παρέας, το τσίπουρο ανακαλεί τις μνήμες και υποδαυλίζει τις υπερβολές. Γεγονότα πρόσφατα ή ξεχασμένα στα άχρονα τοπία της παιδικής ηλικίας, μαζί με πλάσματα της φαντασίας ανακατεύονται στη συζήτηση των θαμώνων, στο μικρό καφενείο της Κρανιάς.

87

Τα Κουπατσαραίικα χωριά

Μέχρι εδώ, έγινε πολλές φορές αναφορά σε καραβά-νια και αγωγιάτες. Σε γενικές γραμμές, το επάγγελμα του αγωγιάτη ή κυρατζή αναπτύσσεται μέσα ή κοντά σε μια περιοχή που παράγει αγαθά, τα οποία πρέπει να μετακι-νηθούν, και ταυτόχρονα διαθέτει ένα πλεόνασμα ανθρώ-πινου δυναμικού που δεν βρίσκει απασχόληση στον αγροτικό τομέα. Στα Κουπατσαραίικα χωριά ισχύουν και τα δύο, αφού οι Βλάχοι χρειάζονται μεγάλα καραβάνια για να μεταφέρουν την ξυλεία και τα κτηνοτροφικά προϊ-όντα τους, ενώ ταυτόχρονα οι γεωργικές εκτάσεις είναι ελάχιστες και τα βοσκοτόπια χρησιμοποιούνται από τους νομάδες, Βλάχους και Σαρακατσαναίους. Έτσι, από ανά-γκη μάλλον παρά από επιχειρηματική διορατικότητα, οι κάτοικοι των χωριών που συγκροτήθηκαν στους πρόπο-δες της Πίνδου οργάνωσαν τις πρώτες μεταφορικές κο-μπανίες. Παράλληλα, η κτηνοτροφία παρέμεινε πάντα η βάση της απασχόλησης στο χωριό και όπου υπήρχε καλ-λιεργήσιμη γη, απλώθηκαν μικροί οπωρώνες και σταρο-χώραφα. Τα χωριά αυτά, το Μικρολίβαδο, το Μοναχίτι, το Κηπουριό, η Πηγαδίτσα, το Τρίκωμο, το Παρόρειο, ο Σταυρός, το Κοσμάτι, το Σπήλιο, ο Ζιάκας, το Περιβολά-κι, οι Φιλιππαίοι, η Αετιά, η Αλατόπετρα, τα Αναβρυτά, το Πολυνέρι, ο Λάβδας, το Πανόραμα, το Δοτσικό, το Μεσολούρι και το Πρόσβορο σχηματίζουν μια ζώνη κά-τω από τα Βλαχοχώρια και οι κάτοικοί τους ονομάζονται Κουπατσαραίοι, από το «κουπάτς», λέξη τουρκική που δηλώνει την πρεμνοφυή μορφή των δρυοδασών που απλώνονται σε όλα τα χαμηλότερα ανάγλυφα.

Τα Κουπατσαραίικα χωριά εκτείνονται πάνω στις απο-λήξεις της Πίνδου και γύρω από τον άνω ρου του Βενέτι-κου. Η τεκτονική προίκισε την επιμήκη αυτή ενότητα με δύο πολικά σημεία, τον Όρλιακα και τον Τσούργιακα, όγκους με μοναδικά για την περιοχή φυσιογραφικά χα-ρακτηριστικά όπως φαράγγια και ορθοπλαγιές, οι οποίοι ορ-θώνονται στην άκρη των μακρύτατων ραχών της Βασιλί-τσας. Ο Όρλιακας, λόγω της θέσης του, αποκτά κομβικό ρόλο στη λειτουργία της ευρύτερης περιοχής, ρόλο που μεταβίβασε στα δύο χωριά που ιδρύθηκαν και άκμασαν στις παρειές του, τον Ζιάκα και το Σπήλιο. Ο Ζιάκας, μα-ζί με το συγγενικό συνοικισμό Περιβολάκι, έλεγχαν τον αυχένα του Καραστέργιου, αναγκαστικό πέρασμα για τη δίοδο των νομαδικών κοπαδιών του Περιβυλίου, της Αβδέλας αλλά και του ανατολικού Ζαγορίου στην ετήσια μετακίνησή τους προς τα θεσσαλικά χειμαδιά. Το δρόμο αυτό ακολουθούσαν και όσοι είχαν λόγους να αποφύγουν το τελωνείο και το φυλάκιο του Ζυγού ή τα φλύαρα σχόλια των χανιτζήδων της Κρανιάς. Ο δρόμος μετά τον Καρα-στέργιο περνούσε ανάμεσα από τον Ζιάκα, που τότε λεγό-ταν Τίστα, και το Περιβολάκι, που ονομαζόταν Λεπενί-τσα, και δρασκελίζοντας τον Βενέτικο στο γεφύρι του Ζιάκα, έβγαινε στο Ταμπούρι και κατηφόριζε από τους Μαυραναίους προς τα Γρεβενά. Τόπος ανθρώπων ανήσυ-χων και ανυπότακτων, η Τίστα έδωσε στα Μετεπαναστα-τικά χρόνια μεγάλους οπλαρχηγούς ανάμεσα στους οποί-ους και ο Θεόδωρος Ζιάκας στον οποίο οφείλει και το νεό-τερο όνομά της. Στα χρόνια της γερμανικής Κατοχής και

88. Το γεφύρι της Λιάτισας στο κρυφό μονοπάτι που συνέδεε το Σπήλιο με τα Γρεβενά, στέκεται πάνω από το μικρό φαράγγι του βόρειου κλάδου του Βενέτικου.

89. *Φρουροί των χωραφιών και των περασμάτων, οι γέρικες βελανιδιές δεσπόζουν στο τοπίο των Κουπατσαραίικων χωριών.*

90. *Νεαρές βελανιδιές και κοντοκλάδια, το χαρακτηριστικό τοπίο στα "κουπάτσια".*

91. *Μικτό δάσος στον Όρλιακα*

91

90

92

του Εμφύλιου πολέμου, ο Ζιάκας έζησε μια κοινωνική αφύπνηση, που διακόπηκε απότομα με τον εκπατρισμό όλου σχεδόν του πληθυσμού του χωριού στις χώρες της ανατολικής Ευρώπης.

Στην ακμή του ανατολικού αντερείσματος του Όρλιακα, το Σπήλιο είναι το μοναδικό χωριό των Γρεβενών που χρησιμοποιεί ως βάθρο μια φυσικά οχυρή τοποθεσία. Ο οικισμός αναπτύχθηκε γύρω από την αρχαία οχύρωση και οι πρώτοι οικιστές πιθανόν προέρχονταν από τη φρουρά, που ίσως αμείφθηκε για τις υπηρεσίες της

92. Το γεφύρι του Κατσογιάννη στο κύριο μονοπάτι Σπήλιου-Γρεβενών. Στο βάθος ο Όρλιακας. Κοντά στο γεφύρι βρισκόταν ο βακουφικός μύλος του Σπήλιου.

93. Το γεφύρι του Ζιάκα, απ' όπου περνούσε η "βασιλική στράτα", και ο κύριος δρόμος των βλάχικων καραβανιών προς τη Θεσσαλία.

93

94

με έγγειες παραχωρήσεις. Ο οικισμός γρήγορα έγινε το κέντρο των γύρω συνοικισμών. Το μοναστήρι της Κοίμησης Θεοτόκου, ή της Παναγιάς της Σπηλιώτισσας όπως είναι πιο γνωστό, με τα δύο μετόχια του ήρθε να στηρίξει τις δομές γαιοκτησίας και ο γύρω μικρός οικιστικός γαλαξίας, με το κυρίως χωριό και το μοναστήρι στο κέντρο, έφτασε να γίνει η πιο ζωντανή ενότητα στην ορεινή ζώνη. Για τη σύνδεση των αγροικιών που οργανώθηκαν στις αντίπερα του Βενέτικου πλαγιές αλλά και για την επικοινωνία με το Μοναχίτι και το Τρίκωμο στήθηκε το μονότοξο γεφύρι της Πορτίτσας στο επιβλητικό φαράγγι

του νότιου κλάδου του Βενέτικου. Αλλά και ο βόρειος κλάδος του ποταμού, που έρχεται από το Δοτσικό μαιανδρίζοντας ανήσυχα, εξοπλίστηκε με δύο γεφύρια που εξασφάλιζαν τη σύνδεση με τα Γρεβενά. Τελικά, οι γύρω αγροτικές συνοικήσεις εγκαταλείφθηκαν στα μέσα του αιώνα και οι κάτοικοι συγκεντρώθηκαν οριστικά στο Σπήλιο, που εξασφάλισε την απευθείας οδική σύνδεσή του με τον Ζιάκα διανοίγοντας μια βαθιά τομή στον γκρίζο ασβεστόλιθο του Όρλιακα.

Στην αντικρινή όχθη του Βενέτικου κρύβονται δύο οικισμοί που αποφεύγοντας την έκθεση στον άξονα της ρά-

95

94. *Εκεί όπου ο Όρλιακας σχηματίζει ένα ομαλό σκαλί φυσικά οχυρωμένο από τα νότια και τα ανατολικά είναι χτισμένο το Σπήλιο.*

95. *Το αμπέλι, αν και δεν απαιτεί αγροτικό κεφάλαιο, όπως τα δημητριακά, ζητά πολύ περισσότερη φροντίδα. Σε ορισμένα Κουπατσαράικα χωριά, όπως το Σπήλιο, το Κοσμάτι και το Τρίκωμο, διατηρούνται ακόμα μερικά στρέμματα με τοπικές ποικιλίες.*

96. *Η σύνδεση του Σπήλιου με το δρόμο της Κρανιάς θα ήταν πολύ δύσκολη αν δεν υπήρχε το γεφύρι της Πορτίτσας, που οι ντόπιοι τεχνίτες έστησαν με μαστοριά στην είσοδο του ομώνυμου φαραγγιού του Όρλιακα.*

96

97

98

χης κατηφορίζουν προς το εσωτερικό της κοιλάδας. Ο μεγαλύτερος, το Τρίκωμο, προήλθε από τη συνένωση τριών μικρών οικισμών και μέχρι πρόσφατα λεγόταν Ζάλοβο. Από τα τελευταία σπίτια του χωριού μέχρι και απέναντι από τον Βενέτικο, στη θέση παλιότερου συνοικισμού, απλώνονταν τα αμπέλια που έδωσαν στο Ζάλοβο τη φήμη του χωριού με το καλό κρασί και το δυνατό τσίπουρο. Ακόμα και σήμερα, κάθε Νοέμβριο, οι άμβυκες θα βγουν από τις αποθήκες και οι μερακλήδες θα περάσουν μέρες συνδαυλίζοντας τις φωτιές και δοκιμάζοντας το απόσταγμα. Κάτω από το χωριό, τα ζαλοβίτικα μονοπάτια συγκλίνουν με αυτά από το Κοσμάτι και οδηγούν στο γεφύρι του Αζίζ Αγά, ενώ μια ώρα απέναντι από το γεφύρι βρίσκεται

ο ζαλοβίτικος νερόμυλος του **Ψάρια**, που στην ακμή του εξυπηρετούσε όλα τα γύρω χωριά. Το μυλαύλακο ερχόταν από πολύ μακριά και για να κερδίσει ύψος περνούσε μέσα από μια τεχνητή σήραγγα μήκους 100 μ. για να κινήσει ένα ζευγάρι μυλόπετρες, μια ντριστέλα και μαντάνια. Έξω απο το Τρίκωμο βρίσκεται η εκκλησία του Αγίου Αθανασίου, προστάτη του χωριού. Λίγο πιο πέρα, στον άξονα της ίδιας ράχης, το Παρόρειο αποφεύγει το φως της ανατολής και στέκεται πάνω από τη βαθιά χαράδρωση του Βενέτικου με την ετοιμότητα του κυνηγημένου. Ο μικρός οικισμός, που λεγόταν Ριάχοβο, παρέμεινε στενά δεμένος με το Τρίκωμο, με το οποίο όμως δεν συγχωνεύτηκε, όπως οι άλλοι συνοικισμοί.

97. Από το δρόμο της Κρανιάς, ένας μουλαρόδρομος διέσχιζε το δάσος της Γόργιανης και έφτανε στο Τρίκωμο, διασχίζοντας τον Βενέτικο από το μονότοξο γεφύρι που διατηρεί το όνομα Καγκέλια.

98. Στο Τρίκωμο γίνεται κάθε χρόνο η γιορτή του κρασιού. Φίλοι του οίνου και του τσίπουρου από όλο το νομό έρχονται να δοκιμάσουν τη ντόπια παραγωγή.

99. Το γεφύρι του Αζίζ Αγά, κοντά στο Τρίκωμο. Λέγεται ότι, αφού το γεφύρι είχε πέσει δυο φορές, στην τρίτη απόπειρα ο πρωτομάστορας κρύφτηκε για να μην τιμωρηθεί από τον Αζίζ Αγά, χρηματοδότη του έργου. Όμως το πέτρινο τόξο, το μεγαλύτερο σε όλη τη Μακεδονία, στάθηκε και εξακολουθεί να ενώνει από το 1727 τις δυο πλευρές του Βενέτικου.

Από το Παρόρειο και στο βάθος μιας δευτερεύουσας κοιλάδας, φαίνεται ο Σταυρός, που πολλοί τον λένε ακόμα Παλιοχώρι. Το μικρό χωριό διατηρεί το ρόλο του αγροτικού οπισθοφύλακα των Μαυραναίων και καταλαμβάνει ένα τμήμα της εύφορης γλώσσας που απλώνεται από το Ταμπούρι μέχρι τις όχθες του Βενέτικου. Το μεγαλύτερο μέρος αυτής της γλώσσας ανήκει στο Κοσμάτι, που ήταν και εν πολλοίς παραμένει ένα χωριό με έντονο γεωργικό χαρακτήρα. Η ίδια η θέση του χωριού, σε μια απαλή νεύρωση των απλόχωρων και ομαλών κυματισμών της μολάσσας, εξασφάλιζε κεντρική θέση και άπλετη θέα, ενώ προοιώνισε και την ευημερία που καθρεφτίζεται στη μεγάλη παλιά εκκλησία του χωριού. Η φροντίδα που αντανακλούν τα κτήματα και η διάταξη τους μαρτυρούν το ρό-

λο που έπαιξαν οι εκτάσεις αυτές στην προκοπή του χωριού με πιο καθαρή απόδειξη τα αμπέλια που περιβάλλουν τον οικισμό και που μέρος τους τροφοδοτεί κάθε φθινόπωρο τους αποστακτήρες του.

Ο δακτύλιος των χωριών που παρατάσσονται ανάμεσα στο βουνό και το δρυοδάσος συνεχίζεται μέχρι τις πλαγιές του Λύγκου, όπου βρίσκεται το Μικρολίβαδο. Το χωριό είναι χτισμένο στην όχθη του άνω ρου του Βενέτικου και στη βάση των δασωμένων πλαγιών της Πυροστιάς. Παρά τα φυσικά χαρίσματα της θέσης της, η Λαβανίτσα όπως ήταν τότε το όνομα του χωριού, πέρασε δύσκολες μέρες στα μέσα του 20ού αιώνα και έχασε το μεγαλύτερο μέρος των κατοίκων της στα Μεταπολεμικά χρόνια. Όπως και στους Φιλιππαίους στα βόρεια της

101

ενότητας, οι κάτοικοι του Μικρολίβαδου είχαν στενή επαφή με τους Βλάχους. Παρ' όλο που η πιο πατημένη στράτα ήταν αυτή που συνέδεε το χωριό με την Κρανιά, ένα ακόμα καλοχαραγμένο μονοπάτι περνούσε από μια πρόχειρη ξύλινη γέφυρα την ποταμιά κάτω από το χωριό εξασφαλίζοντας την επικοινωνία με τα υπόλοιπα Κουπατσαραίικα χωριά. Το μονοπάτι ανέβαινε μια άγονη κροκαλοπαγή πλαγιά, όπου οι Μοναχιτάτες είχαν τα βοσκοτόπια τους, και έφτανε στη ράχη της Πέτρας Μοναχιτίου. Μόνο από τα κτήματα που απλώνονταν δεξιά και αριστερά της ράχης καταλάβαινε κανείς, ότι πλησιάζει σε χωριό, γιατί το ίδιο το Μοναχίτι, πραγματικά ολομόναχο στη γωνιά αυτή της Πίνδου, φωλιάζει αθέατο στην αγκαλιά μιας μικρής κορυφής. Τα καλύτερα χωράφια του χωριού βρίσκονταν στις όχθες του Βενέτικου, γύρω από το μικρό Μαχαλά και το παλιό μοναστήρι του Αγίου Νικολάου. Το τοπίο με τις αγροικίες, το πειρόχτιστο καθολικό, τα μικρά χωράφια και τους οπωρώνες, που ησυχάζουν κάτω από τη στοργή των σκούρων πύργων της κροκάλας και τους κύκλους που διαγράφουν οι φάσσες κατεβαίνοντας από τα πεύκα στα βελανίδια, αναδύει μια αίσθηση βαθιάς γαλήνης και φυσικότητας.

Το νοτιότερο Κουπατσαραίικο χωριό, το Κηπουριό, είναι χτισμένο πάνω σε δύο λόφους, του Κάτσαρη και του Παπαζήση. Πιθανολογείται ότι η πρώτη οργανωμένη κατοίκηση στην περιοχή του χωριού οφείλεται σε εγκατάσταση φρουράς γύρω στον 8ο αιώνα. Γύρω από την περίβλεπτη αυτή θέση συγκεντρώθηκαν σιγά σιγά κάτοικοι από τους γύρω μικρούς συνοικισμούς, ενώ οι κάτοικοι του συνοικισμού Νταμπούρι μετακινήθηκαν κατά την περίοδο της Τουρκοκρατίας προς την κρυπτική θέση του εγκαταλειμμένου σήμερα οικισμού Λαγκαδιά, που τότε είχε το όνομα Ζαπανταίοι. Λόγω της σχετι-

102

κά κεντρικής θέσης του, το Κηπουριό παρείχε υπηρεσίες αγοράς στους γύρω οικισμούς, αλλά και αλέσματος στους περίπου 10 νερόμυλούς του. Η κτηνοτροφία, η καλλιέργεια των σιτηρών και η μελισσοκομία παραμένουν οι κύριες δραστηριότητες έως σήμερα.

Η Πηγαδίτσα, δεσπόζοντας στην κοιλάδα του Βενέτικου, είχε ανέκαθεν στρατηγική σημασία, αφού γειτνιάζει με έναν ασφαλή πόρο του ορμητικού ποταμού, παμπάλαιο σημείο διέλευσης του δρόμου ανάμεσα στην Ήπειρο και τη Μακεδονία. Ωστόσο τους μήνες που το νερό ανέβαινε, το πέρασμα γινόταν δύσκολο και επικίνδυνο. Η τεχνική λύση θα αναζητήθηκε από πολύ παλιά, στην αρχή ίσως κάποια ξύλινη γέφυρα, αλλά οπωσδήποτε από κάποια στιγμή και μετά ένα τοξωτό γεφύρι. Ήδη από την πρώιμη Τουρκοκρατία, υψώθηκε ένα μεγάλο γεφύρι που έλυσε οριστικά το πρόβλημα της διέλευσης. Το πεντάτοξο αυτό γεφύρι επισκευάστηκε για τελευταία φορά τον 19ο αιώνα από τον Σπανό, αγά του Αργυροκάστρου, που του χάρισε και το όνομά του. Εκείνη την εποχή, δίπλα στο γεφύρι υπήρχε χάνι, όπου μαζευόταν κόσμος που πουλούσε προϊόντα ή υπηρεσίες. Έτσι δεν είναι παράξενο που στην Πηγαδίτσα όχι μόνο κατοικούσαν Τούρκοι μέχρι τις αρχές του αιώνα μας, αλλά λειτουργούσε και μοναστήρι δερβίσηδων. Με την εγκατάσταση ακτημόνων και προσφύγων, το χωριό απλώθηκε μέχρι τη ράχη και από κει βιγλίζει τον Βενέτικο και τα Χάσια.

Βόρεια από τον Όρλιακα ανοίγεται μια μεγάλη κοιλάδα, ουσιαστικά η εσωτερική λεκάνη του βόρειου κλάδου του Βενέτικου. Η σύνδεση της κοιλάδας με τα Γρεβενά γινόταν μέσω του μικρού οικισμού των Αναβρυτών, που παλιότερα λεγόταν Βράτσινο. Οι πλαγιές της κοιλάδας φέρουν διακριτικά τα ίχνη από επάλληλες σειρές ξερολιθιών, που μαζί με τα άφθονα καρποφόρα δέντρα επιβεβαιώνουν τη γεωργική κλίση των χωρικών. Η λεκάνη αυτή έχει πολλές πηγές, όπως φαίνεται και από το όνομα του κυριότερου οικισμού, του Πολυνερίου, που διατηρεί το νόημα του παλιότερου ονόματος του οικισμού Βοδεντσικό –σλάβικη ρίζα που σημαίνει μέρος με πολλά νερά. Παράλληλα με τη γεωργία, το Πολυνέρι επιδόθηκε και στην κτηνοτροφία, όπως φαίνεται και από τα δεκάδες σκόρπια μαντριά, μερικά από τα οποία χρησιμοποιούνται ακόμα. Αντίθετα, το Πανόραμα ήταν περισσότερο γεωργικό χωριό και έτσι δεν είναι παράξενο που σήμερα νοικιάζει το μεγαλύτερο μέρος των λιβαδιών του ως καλοκαιρινά βοσκοτόπια σε νομαδικά κοπά-

102. Ανοιξιάτικες αγροτικές εργασίες στα καπνοχώραφα της Πηγαδίτσας, κοντά στο ποτάμι.

103. Κοπάδι στο Πολυνέρι. Η κτηνοτροφία στα Κουπατσαράικα χωριά, αν και δεν αποτελούσε την αποκλειστική απασχόληση, ήταν μια από τις τρεις κύριες δραστηριότητες, μαζί με τις μεταφορές και τη γεωργία.

103

δια. Ξεκινώντας τον 17ο αιώνα σαν ένας απλός συνοικισμός του Λάβδα με το όνομα Σαργκαναίοι, το Πανόραμα έχει σήμερα κάπου 60 σπίτια απλωμένα με τάξη πάνω στην πλαγιά, τριγυρισμένα από μεγάλους περιποιημένους κήπους. Στην ανατολική άκρη του χωριού, η στενή ράχη που φέρει την εκκλησία απολήγει σε μια εξαίρετης θέας μύτη, που ελέγχει όλη τη λεκάνη του Όρλιακα. Στην αντικρινή ράχη και ανάμεσα στα δύο προηγούμενα χωριά, ο Λάβδας ιδρύθηκε από κτηνοτρόφους που έφερναν τα κοπάδια τους μέχρι τα όρια της Αβδέλας.

Τα τρία χωριά της κοιλάδας είχαν ανέκαθεν πιο στενές σχέσεις με την Ήπειρο από ό,τι τα άλλα χωριά και έως τα Προπολεμικά χρόνια οι πιο προκομμένες γυναίκες φόρτωναν το καλοκαίρι τα υφαντά της χρονιάς και κατέβαιναν στο παζάρι των Ιωαννίνων.

Νότια από το στενό του Τσούργιακα, στις πλαγιές που κατηφορίζουν προς τον Βενέτικο και στην ασφάλεια μιας μικρής βράχινης έξαρσης, η Αλατόπετρα βρίσκεται ηθελημένα εκτός των τριών ημιονικών δρόμων που διασταυρώνονται γύρω της και ταυτόχρονα

εκτός του τριγώνου που αυτοί σχηματίζουν. Το σημερινό όνομα του χωριού προέρχεται από το παλαιότερο τούρκικο Τούζι –που σημαίνει αλάτι. Στη ράχη πάνω από την Αλατόπετρα βρέθηκαν λείψανα κάστρου και οχυρωμένου οικισμού, αν και δεν υπάρχουν ασφαλείς ενδείξεις για το ρόλο τους. Παρά το έκκεντρο της θέσης της, η Αλατόπετρα χαίρει σήμερα ιδιαίτερης φήμης ως τουριστικός προορισμός στην ορεινή ζώνη. Από την άλλη μεριά του φαραγγιού Στόμιο, που διανοίγει το Σμιξιώτικο ρέμα στον κάποτε ενιαίο ασβεστόλιθο

104. Πολυνέρι, στο βάθος η κοιλάδα του Αλιάκμονα μέσα στα σύννεφα και στον ορίζοντα, μετέωρη η μορφή του Ολύμπου.

105. Η λεκάνη Σμίξης-Φιλιππαίων φράζεται από δύο μεγάλους βράχους που οι νομάδες αποκαλούσαν Ντοάλε Κιέτρι (Δύο Πέτρες). Τη φυσική δίοδο του φαραγγιού διέσχιζε ένα λιθόστρωτο μονοπάτι που στη συνέχεια περνούσε από το μικρό πέτρινο γεφύρι του Προσβόρου και οδηγούσε στα Γρεβενά.

105

του Τσούργιακα, βρίσκεται η Αετιά, που λεγόταν Τσούργιακας, όνομα που οι νεότεροι μεταβίβασαν στα βράχια. Η θέση της Αετιάς και η κοντινή παρουσία ενός από τα πιο γνωστά χάνια της ορεινής ζώνης, το χάνι του Λόλα, συνδέονται με τις μετακινήσεις των κοπαδιών προς τα θερινά βοσκοτόπια. Άλλωστε η Αετιά ήταν πάντοτε εξαρτημένη από τους Φιλιππαίους, που ήταν ένας από τους σημαντικότερους σταθμούς στο δρόμο των βουνών. Η ράχη της Κουρούνας, την οποία ο σημερινός οικισμός των Φιλιππαίων αποφεύγει για να εγκατασταθεί σε πιο προφυλαγμένο, αν και λιγότερο επίπεδο, σημείο είναι η συντομότερη φυσική γραμμή για να ανηφορίσει κανείς από τα Γρεβενά προς τον Σμόλικα. Δεν είναι ωστόσο και η πιο ασφαλής, γι' αυτό και τα καραβάνια προτιμούσαν τη ρεματιά του Φιλιπ-

πιού, του μικρού ρέματος που έρχεται από το διάσελο του Σταυρού Γομάρας, χρησιμοποιώντας ένα από τα χαμηλότερα περάσματα από τη Θεσσαλία προς την Ιλλυρία. Μέσα στη ρεματιά υπάρχουν ερείπια οχύρωσης που περιτειχίζει μικρό λόφο, όπου βρέθηκαν άφθονα κεραμικά, νομίσματα και υπολείμματα όπλων και εργαλείων, υποδηλώνοντας τη χρήση της θέσης στα Ρωμαϊκά και Βυζαντινά χρόνια. Το ίδιο το όνομα του χωριού καθώς και η χρήση βαφτιστικών ονομάτων με αρχαιοελληνική ρίζα αντανακλούν την επιρροή των σημαδιών αυτών στους ντόπιους. Οι Φιλιππαίοι τείνουν τα τελευταία χρόνια να ξαναπάρουν την πρωτοκαθεδρία στο οικιστικό σύστημα γύρω από τον Σμόλικα και τη Βασιλίτσα, θέση που διεκδικούν και τα όμορα Βλαχοχώρια.

106

106. Πανηγύρι το Δεκαπενταύγουστο στη ράχη Κουρούνα, πάνω από τους Φιλιππαίους.

107. Το σπίτι του Μπραζιώτη στους Φιλιππαίους, που χτίστηκε στις αρχές του 20ού αιώνα.

107

Το Πρόσβορο είναι χτισμένο στους ανατολικούς πρόποδες της Κουρούνας, αυτού του μακρύτατου βραχίονα της Βασιλίτσας που σβήνει στην κοιλάδα του Βενέτικου. Με τα νώτα τους καλυμμένα από το απότομο βουνό και τη νότιά τους είσοδο καλά ελεγχόμενη στο πέρασμα του Στομίου, οι κάτοικοι του Δέλνου, όπως ήταν το παλιό όνομα του χωριού, προτίμησαν την ασφάλεια από την ευκολία. Χαμηλά στον Βενέτικο, το γεφύρι Νιδρούζι, έργο του Βράγκα από τον Άγιο Κοσμά, εξυπηρετούσε και τους Φιλιππαίους και το Μεσολούρι. Κάθε χρόνο στις 20 Ιουλίου, όλοι οι Δελνιώτες ανεβαίνουν μέχρι το ξωκλήσι του Προφήτη Ηλία, ένα από τα ελάχιστα ξωκλήσια των Γρεβενών που θυμίζει τα αρχαία ιερά κορυφής. Στο μικρό πλάτωμα που φιλοξενεί το ξωκλήσι, μπορεί να δει κανείς υπολείμματα από παμπάλαιες οχυρώσεις. Λίγο βορειότερα, το Μεσολούρι κρύβεται σε μια πτυχή της κοιλάδας του Βενέτικου. Η μεγάλη εκκλησία του χωριού χτίστηκε το 1778, χρονιά που πέρασε ο Κοσμάς ο Αιτωλός, και είναι αφιερωμένη στον Άγιο Δημήτριο τον Μυροβλήτη, στρατιωτικό άγιο των πρωτοχριστιανικών χρόνων. Η εκκλησία ιστορήθηκε από Σαμαρινιώτες αγιογράφους, αν και η τέχνη τους δύσκολα διακρίνεται σήμερα κάτω από το βαρύ χέρι της πρόσφατης επιζωγράφησης.

Και έτσι φτάσαμε στα βόρεια σύνορα του νομού, στο πιο ιδιόμορφο Κουπατσαραίικο χωριό, το Δοτσικό. Το Δοτσικό είναι το σημείο όπου συναντιώνται οι κτηνοτροφικές πρακτικές των Βλάχων με τις δεξιότητες των μαστόρων και τις συνήθειες των Κουπατσαραίων. Έτσι, το Δοτσικό είναι, από πλευράς γεωγραφίας και απασχόλησης, ένα χωριό ενδιάμεσο των τριών πολιτισμικών ζωνών που χωρίζει. Χωριό Κουπατσαραίων δανείζεται τη συνήθεια του νομαδισμού από τα Βλαχοχώρια και ερημώνει το χειμώνα, αφήνοντας το πεδίο ελεύθερο στους άγριους κατοίκους του ορεινού δάσους. Ταυτόχρονα με

τους χτίστες του συγκαταλέγεται στα Μαστοροχώρια του Βοΐου. Το χωριό παλαιότερα υπαγόταν διοικητικά στον Πεντάλοφο (Κοζάνης), όπου έκανε και τις συναλλαγές του. Ο δρόμος για το Επταχώρι, παλιός μουλαρόδρομος που διανοίχτηκε ως δασικός, περνά ανάμεσα στη Σκούρτζα και τον Τάλιαρο και κατεβαίνει στο Χελιμόδι, θέση παλιού οικισμού που τώρα φιλοξενεί μια μεγάλη κτηνοτροφική μονάδα. Από τα τελευταία αυτά γρεβενιώτικα καλύβια, ακολουθώντας την κοίτη του ποταμού και κατηφορίζοντας προς το Επταχώρι, περνάμε πολύ κοντά από την έρημη πια Ζούζουλη, στην οποία μπορεί να μας μεταφέρει το τολμηρό μονότοξο γεφύρι της.

109

108. Το πέτρινο γεφύρι του Δοτσικού, δείγμα της τέχνης των χτιστάδων του χωριού, είναι ταυτόχρονα στόλισμα και σημείο συνάντησης των δύο συνοικιών του χωριού, του Τσιγκέλ Μαχαλά και του Κιατσαβίκ Μαχαλά.

109. Το Νιτρούζι, ένας από τους συνοικισμούς που έθρεψαν το Δοτσικό, χάθηκε για πάντα στο τρικυμισμένο παρελθόν της Πίνδου, αφήνοντας λίγα ερείπια, ένα μοναχικό εκκλησάκι και μερικές στάνες.

Τα χωριά του Βοΐου

Από την καρδιά του Βοΐου ξεμακραίνει μια ατέλειωτη κυματιστή ράχη, που απλώνεται σε παρακλάδια όσο κατηφορίζει προς τα ανατολικά σχηματίζοντας ένα πελώριο τόξο μέχρι τον Αλιάκμονα και μοιράζοντας τα νερά της Πραμόριτσας και του Βενέτικου. Πάνω της φιλοξενούνται σήμερα 25 χωριά, απόγονοι των πολύ περισσότερων συνοικισμών των περασμένων χρόνων. Τα πιο πολλά από τα χωριά αυτά είναι στημένα πάνω στις ακμές των ραχών και έτσι έχουν μια ανεμπόδιστη θέα στα αδέρφια τους της σημερινής επαρχίας Βοΐου του νομού Κοζάνης. Γιατί όλα ετούτα τα χωριά των Γρεβενών είχαν πολλές σχέσεις και συναλλαγές με τα κεφαλοχώρια του Βοΐου και ειδικά με τον Πεντάλοφο και το Τσοτύλι. Και είναι σε όλα τα χωριά του Βοΐου, γρεβενιώτικα και κοζανίτικα, που οι άντρες σταμάτησαν να σκάβουν τη γη και την πήραν στα χέρια τους για να υψώσουν σπίτια και εκκλησίες και από άσημοι αγρότες έφτασαν να γίνουν φημισμένοι τεχνίτες της πέτρας.

Όπως και στα Κουπατσαραίικα χωριά, έτσι και στα Μαστοροχώρια η κατοίκηση ξεκίνησε από μικρούς συνοικισμούς, που από τον 17ο έως τον 18ο αιώνα ενισχύθηκαν από κύμα μετακίνησης από την Ήπειρο προς τα ανατολικά. Μετά τα τέλη του 18ου αιώνα, όταν οι σημερινοί οικισμοί είχαν ήδη συγκροτηθεί από τις σκόρπιες κτηνοτροφικές συνοικήσεις και είχαν αποκτήσει δημογραφική

ευρωστία, σχηματίζονται τα πρώτα οργανωμένα σχήματα μαστόρων. Οι χτίστες, που μέχρι τότε εξυπηρετούσαν τις τοπικές ανάγκες ανοικοδόμησης, οριστικοποιούν το αρχιτεκτονικό τους ύφος, συγκροτούν τα ολοένα και πιο πολυπληθή μπουλούκια τους και με τις μετακινήσεις και την καλή τεχνική τους εδραιώνουν και διαδίδουν τη φήμη τους σε ολόκληρη τη Βαλκανική.

Μέχρις εδώ χρησιμοποιήσαμε ισότιμα τους όρους «χωριά του Βοΐου» και «Μαστοροχώρια», σύμβαση που ανταποκρίνεται στον επαγγελματικό προσανατολισμό των 25 χωριών μέχρι τη δεύτερη δεκαετία του αιώνα μας. Η μαστορική ήταν διέξοδος και πεπρωμένο για τα δυτικότερα χωριά, το Δασύλλιο, το Τρίκορφο, την Καλλονή, το Κυπαρίσσι, τις Κυδωνιές, τον Άγιο Κοσμά, τις Εκκλησιές και το Λείψι, που δεν είχαν παρά λογγωμένες ρεματιές και φτωχά εδάφη για να ζητήσουν το στάρι και το κρέας της χρονιάς. Στις ομαλότερες απολήξεις του Βοΐου οι καλλιεργήσιμες γαίες επαρκούσαν για να συντηρήσουν κάποιες καθαρά αγροτικές οικογένειες και έτσι η Ροδιά, το Μέγαρο, οι Αμυγδαλιές, η Αγία Τριάδα, η Λόχμη, τα Αηδόνια, το Δασάκι και τα Κριθαράκια, συνδύαζαν το αγροτικό εισόδημα με τα κέρδη των περιπλανώμενων μπουλουκιών. Πιο ανατολικά, τα χαρακτηριστικά ανάγλυφα του Βοΐου χάνονται όλο και βαθύτερα κάτω από τις νεότερες αποθέσεις, και οι γεωργικές εκτάσεις κυ-

110. Το χωριό Καλλονή και στο βάθος ο Σμόλικας.

ριαρχούν στο τοπίο. Τα χωριά που περιβάλλουν τον Άγιο Γεώργιο, η Κιβωτός, η Μηλιά, η Κοκκινιά, το Πολύδεντρο, ο Ταξιάρχης, το Ελεύθερο και το Ελεύθερο Προσφύγων, αν και είχαν αρκετούς μαστόρους, ήταν κυρίως γεωργικά. Στα Μεταπολεμικά χρόνια, τα τελευταία αυτά χωριά διαφοροποιήθηκαν έντονα από τα χωριά του δυτικού Βοΐου και επισφράγισαν την πλήρη αφοσίωσή τους στη γεωργία με τον εκσυγχρονισμό του οικιστικού τους τοπίου, εγκαταλείποντας οριστικά το χαρακτηριστικό χρώμα της ντόπιας πέτρας για τη λευκότητα των σύγχρονων επιχρισμάτων.

Τα γρεβενιώτικα Μαστοροχώρια που βρίσκονται πιο κοντά στην κορυφή του Βοΐου είναι το Δασύλλιο και το Τρίκορφο, που φωλιάζουν σε δύο παράλληλες δευτερεύουσες ράχες και κοιτούν προς τα νότια, τους δρόμους της μετανάστευσης. Το Δασύλλιο, που παλιά λεγόταν Μαγέρι, δημιουργήθηκε κάπου μέσα στον 18ο αιώνα. Όπως και τα άλλα χωριά του Βοΐου, πέρασε πολλές τρικυμίες στις αρχές του 20ού αιώνα και χρειάστηκε να ξαναχτίσει τις εκκλησίες του, που είχαν θεμελιωθεί στην εποχή της ίδρυσής του και να μεταγράψει το όνομα του παλιού μοναστηριού του Αγίου Γεωργίου ως απλό τοπωνύμιο. Ανάμεσα στα πολλά πετρόχτιστα σπίτια, που τα περισσότερα καθρεφτίζουν καθαρά την τέχνη των μαστόρων του Βοΐου, ξεχωρίζει το αρχοντικό της οικογένειας Χαριζόπουλου. Λίγο νοτιότερα, σαν αντικατοπτρισμός του Δασυλλίου, το Τρίκορφο, το παλιό Τσιτσικό, μοιράζεται με εκείνο μια ανεμπόδιστη θέα στην Πίνδο. Ένας μικρός δρόμος περιτρέχει τη ράχη πίσω από τον πετρόχτιστο κοιμητηριακό ναό και συνδέει το Τρίκορφο με την όμορφη Χρυσαυγή και τα άλλα Μαστοροχώρια του νομού Κοζάνης.

Το πιο φημισμένο από τα Μαστοροχώρια των Γρεβενών ήταν η Καλλονή. Το χωριό πρέπει να είναι το ίδιο παλιό με τα γειτονικά του, αφού η πρώτη αναφορά, με το όνομα Λούντζι, συναντάται προς τα τέλη του 18ου αιώνα και η ενοριακή εκκλησία του ανήκει στον 19ο αιώνα. Οι Λουντζιώτες μαστόροι ήταν από τους πλέον γνωστούς στην περιφέρεια και κατά συνέπεια περιζήτητοι. Η ακμή του χωριού διήρκεσε μέχρι πρόσφατα και αντανακλάται στη σημερινή του νοικοκυροσύνη.

Τη δυναμική που προσέδιδαν στο ορεινό χωριό οι οικοδομικές συντεχνίες, όχι μόνο με τη μορφή της οικονο-

111. Για τους μαστόρους του Βοΐου, οι στρώσεις του ψαμμίτη στάθηκαν όχι μόνο πιστωτές πέτρας αλλά και εμπνευστές της λιθοδομικής αρμονίας. Το χωριό Δασύλλιο μέσα στις λιτές γραμμές του Βοΐου.

112. Στα μεγάλα δημόσια κτίρια, όπως το σχολείο στο Κυπαρίσσι, μπορεί να διακρίνει κανείς μια ευτυχή μίξη μνημειακής αρχιτεκτονικής με την παραδοσιακή τέχνη και τα δομικά υλικά που προσφέρει ο τόπος.

112

113

114

113. *Ο πιο γνωστός λιθοξόος του Βοΐου ήταν ο Γιώργος Βράγκας από τον Άγιο Κοσμά, που εκτός από κτίρια και μεγάλες κατασκευές, έφτιαξε με την τοπική πέτρα και πολλά μικρότερα έργα, όπως κρήνες, προτομές, τζάκια, υπέρθυρα και άλλα λιθανάγλυφα που ενσωματώθηκαν σε κτίρια και κατασκευές. Στα τρία εικονοστάσια που λάξεψε (του Αγίου Κοσμά, του Κυπαρισσίου και της Χρυσαυγής) βλέπουμε τη δουλειά του να αποκτά πλαστικότητα και να απομακρύνεται από τα δεδομένα της εποχής του, ανάγοντας το εικονοστάσι από κατασκεύασμα σε δημιούργημα.*

μικής ανακούφισης, αλλά κυρίως με την εισροή ιδεών, εικόνων και οραμάτων του πλατύτερου κόσμου καθρεφτίζει ακόμα πιο καθαρά το γειτονικό Κυπαρίσσι. Την παραδοσιακή τέχνη των μαστόρων του χωριού, που λεγόταν Μπίσοβο, διασώζουν πολλά πετρόχτιστα σπίτια και τη λαμπρύνουν δύο μεγάλα δημόσια κτίρια, το σχολείο και η εκκλησία του Αγίου Γεωργίου.

Η περιοχή του Αγίου Κοσμά κατοικήθηκε από Ηπειρώτες στη μέση Τουρκοκρατία, οι οποίοι συνέπηξαν έναν οικισμό με το όνομα Μελιδόνστα, που χάθηκε χωρίς να αφήσει ίχνη. Αργότερα συστήνεται στη θέση του σημερινού χωριού ο μικρός οικισμός Τσιράκι, που αναβαφτίστηκε στη μνήμη του Κοσμά του Αιτωλού ο οποίος δίδαξε εδώ. Φτωχοί αγρότες μέχρι τα μέσα του 18ου αιώνα, οι κάτοικοι στράφηκαν στη μαστορική και αφού δημιούργησαν τα μεγάλα τετράγωνα σπίτια του ίδιου τους του χωριού, ταξίδεψαν στην Ελλάδα και έχτισαν στη Θεσσαλία, τη Ρούμελη μέχρι και στο Μοριά. Παρόμοια και στη γειτονική Βιβίστη, τις σημερινές Εκκλησιές, το κύριο επάγγελμα μέχρι τα μέσα του αιώνα ήταν η μαστορική και μικρό μόνο ποσοστό των κατοίκων καταγινόταν με τη γεωργία και την κτηνοτροφία. Ο οικισμός, που σήμερα παρακμάζει, έδωσε ένα παρόδιο παρακλάδι, την Άνω Εκκλησιά.

114. Ένα πεζούλι της πλατείας, ένα σπασμένο κεραμίδι και λίγα πετραδάκια: το παιχνίδι της τρίλιζας στον Άγιο Κοσμά.

115. Οι Κυδωνιές, χωριό ονομαστών μαστόρων επιβεβαιώνει τη φήμη του στα πολλά πετρόχτιστα σπίτια του και τη μεγάλη εκκλησία τού Αγίου Αθανασίου.

Οι Κυδωνιές, το παλιό Βαντζικό, ήταν ένα από τα σημαντικότερα Μαστοροχώρια. Πολλά καλοχτισμένα σπίτια, που οι λιθανάγλυφες χρονολογήσεις τους εκτείνονται από τα τέλη του περασμένου μέχρι τα μέσα του αιώνα μας, αποδεικνύουν τη δεξιότητα των τεχνιτών του. Στην ευρύχωρη πλατεία του χωριού, δεσπόζει η μεγάλη εκκλησία και τραβάει την προσοχή η επιμελημένη κρήνη, ενώ μια απογευματινή βόλτα στο δυτικό άκρο του χωριού αποκαλύπτει το μεγαλείο των γραμμών του Βοΐου. Το μικρό Λείψι, οικισμός που σήμερα ανήκει διοικητικά στις Κυδωνιές, φιλοξένησε τον περασμένο αιώνα την κούλια του Μπέη, όπως έλεγαν το πυργόσπιτο του τοπικού γαικτήμονα, που «τη θυμήθηκαν» οι γερονιότεροι του χωριού.

Το Σύδεντρο, που παλιότερα λεγόταν Τρεβένι, βρίσκεται ακριβώς στο όριο της ακτίνας επιρροής της πόλης των Γρεβενών. Το χωριό έχει δύο συνοικίες, που τις χωρίζουν περιβόλια και οπωρώνες. Τα χωράφια του χωριού απλώνονται μέχρι τον Γρεβενίτη. Τα πολλά αλώνια, από τα οποία μερικά σώζονται ακόμα, δείχνουν τη σημασία των σιτηρών στα ορεινά αυτά μέρη, όπου τα εδάφη είναι ελαφρύτερα και πιο αποδοτικά από ό,τι τα βαριά λασπερά χώματα των Βεντζίων και της κοιλάδας του Αλιάκμονα. Μετά το Σύδεντρο και ακριβώς πάνω στη μεγάλη ράχη

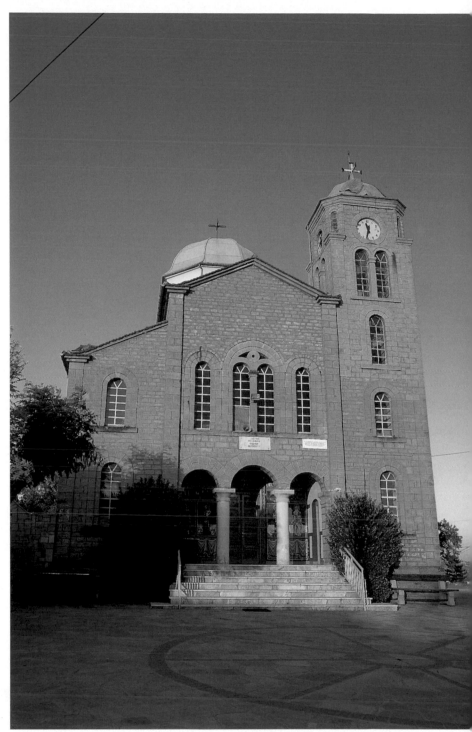

115

που εκτείνεται μέχρι τις Αμυγδαλιές και διανέμει τα νερά της Πραμόριτσας και του Γρεβενίτη, βρίσκεται η Ροδιά, που παλιότερα μοιραζόταν το ίδιο όνομα με το Ροδοχώρι του Πενταλόφου. Μόνο που η Ροδιά λεγόταν Ραντοβίστι Γρεβενών, ενώ το άλλο Ραντοβίστι Ανασέλιτσας. Καθώς η ράχη αυτή είναι αρκετά ασαφής, οι Ραντοβιστιανοί την στόλισαν με μια σειρά χωροθετικά σημάδια –όχι λιγότερα από έξι ξωκλήσια οδηγούσαν μέχρι τον περασμένο αιώνα τους αγωγιάτες από τις Αμυγδαλιές στο Λείψι και από κει στον Άγιο Κοσμά και την Καλλονή. Κάπου στη ράχη βρισκόταν και το καρακόλι, τούρκικο στρατιωτικό φυλάκιο που έλεγχε την ευαίσθητη οπισθόπορτα των Γρεβενών. Σοφά τοποθετημένος έτσι στο χώρο, ο οικισμός εξελίσσεται τον 18ο και 19ο αιώνα σε τοπικό εμπορικό σταθμό, αλλά παράλληλα αναπτύσσει παράδοση στο άλεσμα, που ξεκίνησε με δύο μικρούς νερόμυλους και διατηρήθηκε αργότερα με τον πρώτο γκαζόμυλο της ορεινής περιοχής, δηλαδή ένα αλευρόμυλο με μυλόπετρες που έπαιρνε κίνηση από πετρελαιοκινητήρα. Η μικρή αυτή κοινοτική επιχείρηση που κατασκευάστηκε με χρήματα των Ραντοβιστιανών της Αμερικής αγοράστηκε αργότερα από ιδιώτες που διαχειρίζονται σήμερα το σύγχρονο κυλινδρόμυλο του χωριού, τώρα πια τον μοναδικό στα ορεινά.

Ενώ η Ροδιά ισορροπεί πάνω στον υδροκρίτη του Γρεβενίτη, το Μέγαρο διαλέγει μια όμορφη ηλιόλουστη πλαγιά και γλιστρά στη μασχάλη της μεγάλης ράχης του Βοΐου. Ένα δαχτυλίδι από ξωκλήσια και εικονοστάσια επισημαίνουν τη ζωτική ακτίνα του χωριού, που περιλαμβάνει τα 500 περίπου σπίτια του οικισμού, τις καλλιέργειες και τα μαντριά. Ανακαλώντας τη βουκολική ρίζα της Ραντοσίνιστας, όπως ήταν το παλιό όνομα του Μεγάρου, ο τοπικός μύθος αποδίδει την οριοθέτηση αυτή σε ένα ζευγάρι δαμάλια, συμβολικά ζώα που παραπέ-

116. Αγροτικό τοπίο στην περιοχή του Σύδεντρου. Τα σταροχώραφα καταλαμβάνουν τις ράχες και τις ομαλότερες πλαγιές, αφήνοντας τις ρεματιές και τα διαβρωμένα πρανή τους στη φυσική βλάστηση.

117. Μετά την Απελευθέρωση, συχνά και με τη βοήθεια των μεταναστευτικών εμβασμάτων, στα χωριά του Βοΐου χτίζονται μεγάλα ορθογώνια σπίτια, όπως ετούτο στο Σύδεντρο.

117

μπουν στην απόφαση μόνιμης εγκατάστασης και στη συνέργια των χθόνιων δυνάμεων. Μέσα στη ζώνη αυτή, οι μαστόροι του χωριού ύψωσαν πάνω στις νευρώσεις του ψαμμίτη και από το ίδιο του το υλικό διώροφες κατοικίες, που οι περισσότερες ανακαινίστηκαν πρόσφατα, αλλά και μικρά μονόχωρα κτίρια, που σήμερα λειτουργούν μόνο ως βοηθητικά κτίσματα. Για να αντιμετωπιστεί το πρόβλημα της μεταφοράς νερού, αφού οι μεγαλύτερες πηγές βρίσκονταν χαμηλότερα από τη θέση του οικισμού, σε κάθε σπίτι φτιάχτηκε ένα πηγάδι, στοιχείο αρκετά σπάνιο στους ορεινούς οικισμούς της Πίνδου. Οι κάτοικοι επιδόθηκαν κυρίως στην κτηνοτροφία και τη μαστορική, επαγγέλματα συνυφασμένα με τη μετακίνηση σε διαφορετικές όμως εποχές του χρόνου. Λίγο μετά την άφιξη των κοπαδιών από τα χειμαδιά, που γιορτάζονταν με γλέντια και χορούς στον Άγιο Χριστόφορο στις 9 Μαΐου, οι μαστόροι έφευγαν για την κεντρική Μακεδονία, τη Θεσσαλία και τη Θράκη. Όσοι έμεναν μόνιμα στο χωριό φρόντιζαν τα περιβόλια και καλλιεργούσαν λίγα δημητριακά, που τα άλεθαν στο βακούφικο

118

119

μύλο κοντά στο γεφύρι του Κάστρου. Χάρη στην οχυρή της θέση και την ευημέρια της, η Ραντοσίνιστα επιλέχτηκε κάπου μέσα στον 18ο αιώνα ως έδρα Τούρκου αξιωματούχου και απέκτησε έναν τούρκικο μαχαλά στη νότια είσοδό της. Ακόμα και σήμερα, το Μέγαρο διατηρεί την αίγλη του κεφαλοχωριού, ενώ οι ψησταριές και τα πανηγύρια του ασκούν έλξη σε μια μεγάλη ακτίνα, που φτάνει μέχρι τα Γρεβενά.

Πριν η μακρύτατη ράχη του Βοΐου θαφτεί κάτω από τις ποταμίσιες αποθέσεις του Αλιάκμονα, υψώνει μια τελευταία έξαρση, τον Κουτσόραχο, απροσδόκητα ψηλό μέσα στο λοφώδες ανάγλυφο. Από δω και προς τα ανατολικά απλώνεται μια μεγάλη ομαλή περιοχή, που περιλαμβάνει 13 χωριά, περισσότερο ή λιγότερο σχετιζόμενα με τον οικισμό του Αγίου Γεωργίου. Κάτω από το ψηλότερο σημείο του Κουτσόραχου βρισκόταν η Πικριβινίτσα, που δεν είναι άλλη από τις σημερινές Αμυγδαλιές. Οι κάτοικοι των Αμυγδαλιών ήταν μαστόροι που ταξίδευαν σε όλη τη Μακεδονία, φτάνοντας μέχρι και την Κωνσταντινούπολη. Τα σπίτια του χωριού είναι

νεότερα και λίγοι μάρτυρες της τέχνης των παλιών μαστόρων έχουν απομείνει. Στο ανατολικό άκρο του χωριού βρίσκεται η Αγία Τριάδα, παλαιότερα ανεξάρτητος συνοικισμός που συνάντησε το συνεχώς διευρυνόμενο όριο των Αμυγδαλιών και έγινε συνοικία τους. Στο γειτονικό οικισμό Βίτσι, που τώρα λέγεται Λόχμη, σώζεται τούρκικη κούλια με μορφολογικά στοιχεία πυργόσπιτου και πέτρινη καταχύστρα πάνω από την πόρτα. Οι χρονολογικές επιγραφές της κούλιας και των δύο ναών του χωριού, του κοιμητηριακού στην είσοδο του οικισμού και του ενοριακού στο κέντρο, μαρτυρούν την

118. Η "Αντισεισμική Κομπανία", στο πανηγύρι του Μεγάρου.

119. Το γεφύρι ανάμεσα στο Κάστρο και το Μέγαρο, πάνω στο παλιό μονοπάτι που ένωνε τα δύο χωριά.

120. Άποψη από τον Κουτσόραχο προς τα ανατολικά. Οι Αμυγδαλιές και λόφοι της μολάσσας.

περίοδο ακμής της Λόχμης, μέσα με τέλη του 19ου αιώνα. Το Ελεύθερο, που παλιά λεγόταν Κουτσικιότι, ήταν χτισμένο κοντά στο μοναστήρι του Αγίου Δημητρίου, μετόχι της μονής Αγίας Τριάδας Πενταλόφου που καταστράφηκε τον 13ο αιώνα. Αργότερα το χωριό μετακινήθηκε στη σημερινή του θέση, ενώ οικογένειες Ποντίων προσφύγων εγκαταστάθηκαν στο παλιό χωριό, που αναπτύχθηκε σε αξιόλογο οικισμό με το όνομα Ελεύθερο Προσφύγων.

Πολύ κοντά στην Πραμόριτσα βρίσκεται το Κληματάκι, που παλιά λεγόταν Δοβρούνιστα και διατηρούσε

στενές σχέσεις με το Τσοτύλι με το οποίο επικοινωνούσε μέσω του τρίτοξου γεφυριού της Πραμόριτσας. Το μικρό αγροτικό χωριό φθίνει, απομονωμένο στην κατάπρασινη αγκαλιά των λόφων και κοντά στον εξαίρετης τέχνης κοιμητηριακό ναό του. Ακόμα πιο ισχυρή εξάρτηση από το Τσοτύλι έχουν τα Αηδόνια, με τους δορυφόρους του το Δασάκι, που παλιά λέγονταν Παλαιοκόπρια, και τα Κριθαράκια. Το χωριό Αηδόνια, που στην Τουρκοκρατία λεγόταν Στηζάχι, ήταν φημισμένο μαστοροχώρι και οι καλφάδες του έφταναν μέχρι την Κωνσταντινούπολη.

121. Καλλιεργητής στα Αηδόνια.

122. Τα λίγα σπίτια του οικισμού Κριθαράκια, χαμένα μέσα στις απαλές πτυχώσεις του Βοΐου.

123. Η σύνδεση Γρεβενών-Τσοτυλίου εξασφαλίστηκε με ένα μεγάλο τρίτοξο γεφύρι, με άνισα τόξα, που χτίστηκε στα βόρεια του χωριού Κληματάκι και πήρε το όνομα του από τον ποταμό Πραμόριτσα, που δρασκελίζει.

123

Παλαιότατο κέντρο αυτής της άκρης του Βοΐου, το Τσούρχλι, ήταν κόμβος πάνω σε έναν από τους πολλούς σκονισμένους δρόμους που ένωναν τα βορεινά Μαστοροχώρια με τον καζά των Γρεβενών. Οικισμός με πληθυσμό μικτής καταγωγής, ντόπιους και Πόντιους, και αξιόλογο μέγεθος το Τσούρχλι έχει δύο μεγάλες εκκλησίες, την Αγία Τριάδα και τη μεταγενέστερη του νεομάρτυρα Γεωργίου, από τον οποίο προέρχεται και το σημερινό όνομα του χωριού, Άγιος Γεώργιος. Ανάμεσα στις νεότερες οικοδομές που αντικαθιστούν σιγά σιγά τα πέτρινα σπίτια, εντοπίζει κανείς καταστήματα και εμπορικά των μέσων του αιώνα, όταν ο οικισμός ήταν ο εμπορικός σταθμός μιας μεγάλης ζώνης από την Πραμόριτσα μέχρι τον Αλιάκμονα. Οι καλλιεργήσιμες γαίες του χωριού διασκορπίζονται πάνω στις ράχες που ελίσσονται ανάμεσα στις μεγάλες χαραδρώσεις της μολάσσας και αθροίζουν μια αξιοσημείωση έκταση, που αποτέλεσε τη βάση της ακμής του. Ο Άγιος Γεώργιος δεν έπαψε να αναπλάθει το ρόλο του στην περιοχή και εκτός από οικονομική επικυριαρχία στις γύρω κοινότητες ασκεί και μια πολιτισμική έλξη που είναι αισθητή μέχρι τα Γρεβενά. Πραγματικά, οι εκδηλώσεις που η κοινότητα οργανώνει κάθε καλοκαίρι αποτελούν εδώ και πολλά χρόνια σημείο αναφοράς για τον πλούτο και την ποικιλότητά τους.

Αν στον Άγιο Γεώργιο το προσφυγικό στοιχείο αναμείχθηκε με τους ντόπιους και έδωσε ένα κράμα ενιαίας δυναμικής όπου είναι δύσκολο να εντοπίσεις τις αρχικές συνιστώσες, στην Κιβωτό η εικόνα είναι πολύ πιο καθαρή. Το παλιό Κρύφτσι κατοικήθηκε σχεδόν ολοκληρωτικά από Πόντιους, που αγωνίστηκαν για να αναβαθμίσουν το μικρό οικισμό. Εκμεταλλευόμενοι τη θέση πάνω στον οδικό άξονα, μετέτρεψαν χωρίς δισταγμούς το αγροτικό χωριό σε ένα οικισμό με αστικό ύφος. Τα καταστήματα της Κιβωτού συγκεντρώνουν τις αγορές της μικρής περιφέρειας του υψιπέδου και το πρωί ο φούρνος του Ιορδάνη διανέμει ψωμί στη Μηλιά, την Κοκκινιά, τη Νέα Τραπεζούντα, το Πολύδεντρο και τον Άγιο Γεώργιο φτάνοντας μέχρι και τα Γρεβενά. Το βράδυ, οι τζαμαρίες των μαγαζιών θολώνουν από τις ανάσες του μικρού αγροτικού κόσμου, που συγκεντρώνεται σε ομάδες για να ανταλλάξει τα νέα και τις αναμνήσεις του. Λίγο πιο κάτω, στις αναβαθμίδες των παραποτάμων του Αλιάκμονα, η Μηλιά είναι ένας τυπικός σύγχρονος αγροτικός οικισμός. Η σημερινή θέση του χωριού είναι ολότελα νέα, αφού οι κάτοικοι μετακινήθηκαν από το παλιό χωριό στη δεκαετία του 1970, τρομαγμένοι από τις κατολι-

124. Το τοπίο γύρω από τον Άγιο Γεώργιο μοιάζει με μια πρώτη ματιά επίπεδο. Όπως όμως διαπίστωνε και ο Berard στα τέλη του περασμένου αιώνα, οι διαδρομές «σταματούν στο χείλος μιας πλατιάς χαράδρας. Πρέπει να κατέβουμε, μέσα από το αργιλόχωμα που αργογκρεμίζεται... και να ξανανεβούμε μια εξίσου απόκρημνη πλαγιά. Και έπειτα μια καινούργια κορδέλα δρόμου μας ξαναφέρνει σε καινούργιο λαγκάδι».

125. Η Κιβωτός με τους πρόποδες του Βούρινου.

125

126

σθήσεις. Η νέα Μηλιά έχει απλώσει τις γεωργικές της δραστηριότητες στο υψίπεδο και γύρω από το νέο χωριό, ενώ ο παλιός οικισμός φιλοξενεί το φθίνον κτηνοτροφικό πρόσωπο των Μηλιωτών, που χρησιμοποιούν τα έρημα σπίτια ως αποθήκες και σταύλους. Χάρη στη νέα αυτή χρήση το παλιό χωριό διατηρήθηκε χωρίς παρεμβάσεις και περιέσωσε το παραδοσιακό ύφος του. Κάτω από τους κιτρινισμένους σοβάδες, που σωριάζονται σιγά σιγά, προβάλλει η μικτή τοιχοποιία των αρχών του αιώνα, με πέτρα στο ισόγειο και λασπόπλινθες στον πάνω όροφο.

Στη βορειοανατολική άκρη της νεύρωσης, που κρατάει στη ράχη της όλα ετούτα τα χωριά, και στο σημείο που η Πραμόριτσα συναντά τον Αλιάκμονα βρίσκονται τρία ακόμη χωριά του Βοΐου, παλιοί γεωργικοί οικισμοί που στέγασαν προσφυγικούς πληθυσμούς. Η Κοκκινιά, το παλιό Σούμπινο, και το Πολύδεντρο, που λεγόταν Σπάτα, γεννήθηκαν στην απόμερη αυτή γωνιά των Γρεβενών και δέθηκαν με τα γεμάτα κροκάλες χώματά της, μαζί με τη Νέα Τραπεζούντα, που δημιουργήθηκε από μετοικεσία ορισμένων κατοίκων της Κοκκινιάς. Το καλοκαίρι, τα τρία χωριά βυθίζονται στα ροδόλευκα χρώματα των καπνών, που είναι η κύρια καλλιέργεια του ανατολικού Βοΐου. Τέλος, εκεί που το υψίπεδο σβήνει και στραγγαλίζεται στη θηλιά του Αλιάκμονα, σε μια

126, 127. Η παλιά Μηλιά παραμένει ανέγγιχτη σχεδόν σαν ξεχασμένο σκηνικό.

127

πτυχή της πλαγιάς που κατεβαίνει από το ύψωμα του Αη-Λια, κρύβεται ο Ταξιάρχης. Το χωριό στα χρόνια της Τουρκοκρατίας, όταν λεγόταν Κούσκο δηλαδή αλογοτόπι, περιοριζόταν στα όρια του φυσικού κοιλώματος, ώστε να μην είναι ορατό από το δρόμο που οδηγεί από τα Γρεβενά στην Κοζάνη. Μετά τους μεγάλους πολέμους του αιώνα μας και καθώς τα πράγματα ησύχασαν το χωριό ξεμύτισε και απλώθηκε προς την εθνική οδό. Με την έναρξη της λειτουργίας των μεταλλείων στον Βούρινο, καθώς η συχνή επικοινωνία ανάμεσα στον Ταξιάρχη και τα εργοτάξια στο Δαφνερό έγινε επιτακτική, τοποθετήθηκε πάνω από το πιο στενό σημείο του ποταμού ένα βαγονάκι κρεμασμένο από συρματόσχοινο, το ονομαζόμενο καρούλι, κατασκευή που παραμένει σήμερα μάρτυρας μιας δραστηριότητας που έχει πια εγκαταλειφθεί.

128. Η παλαιότερη χρονολογική ένδειξη για την ίδρυση της μονής Ταξιαρχών είναι το 1768, που αναγράφεται σε λιθανάγλυφο στο καθολικό της μονής.

129, 130. Τα καπνά είναι από τις βασικές πηγές εισοδήματος στα ανατολικά χωριά του Βοΐου. Μετά τη συλλογή των φύλλων (Κοκκινιά, εικ. 129) και πριν από τη ξήρανσή τους στις λιάστρες μεσολαβεί το ραμμάτιασμα, η σύνδεση δηλαδή των φύλλων με σπάγκο σε μακριές λουρίδες (Ταξιάρχης, εικ. 130). Αν και η συρραφή γίνεται με τη βοήθεια μιας απλής μηχανής, τα επιδέξια χέρια είναι πάντα απαραίτητα για τη μεταφορά, το αράδιασμα των φύλλων πάνω στη μηχανή και το σωστό δίπλωμα. Ολόκληρη η οικογένεια συμμετέχει στη ραμμάτα.

129

130

Tα Χάσια και η Φιλουριά

Τα Χάσια είναι μια μεγάλη δασωμένη περιοχή με δι-συπόστατη φυσιογνωμία, από τα νότια θεσσαλική και από τα βόρεια μακεδονική, που απλώνεται από την κοιλάδα του Πηνειού μέχρι τον Βενέτικο. Στα θεσσαλικά ανάλυφα των Χασίων, γύρω από τα σημερινά χωριά Οξύνεια, Αγνα-ντιά, Σταγιάδες και Κακοπλεύρι –του νομού Τρικάλων–, κατοικούσαν αγροτικοί πληθυσμοί του περιθωρίου του θεσσαλικού κάμπου, που είχαν ως κύριο σημείο αναφο-ράς τη μονή Σταγιάδων, το θρησκευτικό κέντρο της περιο-χής. Στη μακεδονική πλευρά, τα γρεβενιώτικα χωριά Αν-θρακιά, Αιμιλιανός, Δεσπότης, Διάκος, Γεωργίτσα, Με-λίσσι, Καλλιθέα, Πριόνια και Σιταράς βρίσκονται στο εσω-τερικό της λεκάνης του Σταυροποτάμου, το Φελλί είναι στραμμένο προς τον Αλιάκμονα και το Ελευθεροχώρι στέ-κεται πάνω από τα κροκαλοπαγή στενά του Βενέτικου που είχαν γεφυρωθεί από τα παλιά χρόνια με τη βοήθεια μιας πέτρινης γέφυρας.

Τα γρεβενιώτικα Χάσια ήταν πάντοτε μια περιοχή δί-χως κέντρο, τόπος ληστών και φόβου, ένας ορίζοντας λό-γων και ραχών, ανοχύρωτος αλλά και αδιέξοδος ταυτόχρο-να, με μοναδικό ορόσημο τον μακρινό Όρλιακα. Πάντως, στην ύστερη Τουρκοκρατία τα γρεβενιώτικα Χάσια ήταν λιγότερο δασωμένα και πιο πυκνοκατοικημένα από ό,τι βλέπουμε σήμερα, όπως δείχνουν τα τοπωνύμια Πινιάρι, Καλαπόδι, Γκομπλαράκι και Αρμπάρι ή κάποιο μοναχικό εκκλησάκι, ενδείξεις συνοικισμών που χάθηκαν.

Οριοθετώντας προς τα βόρεια τα Χάσια με τον Βενέ-τικο, αναγκαζόμαστε να κηρύξουμε το Ελευθεροχώρι χασιώτικο χωριό. Στην πραγματικότητα, το παλαιότατο αυτό χωριό λειτουργούσε πάντα σε στενή εξάρτηση με τα Γρεβενά, κρύβοντας κάτω από τον αγροτικό του μαν-δύα το ρόλο του επιτηρητή του περάσματος του Βενέτι-κου. Αντίστοιχα, το γειτονικό Σνίχοβο συνδέεται με τα ανατολικότερα Κουπατσαραίικα χωριά, την Πηγαδίτσα και το Κηπουριό. Από την επαφή αυτή, οι κάτοικοι τού-των των ακραίων χασιώτικων αναγλύφων, κατά βάση κτηνοτρόφοι, μυήθηκαν στο κυρατζηλίκι και τη μαστο-ρική. Όπως και τα άλλα χωριά των Χασίων, το Σνίχοβο ιππεύει μια από τις ευρύχωρες ράχες που σχηματίζουν το δαντελωτό περίγραμμα των κοιλάδων των παραποτά-μων του Βενέτικου. Το Σνίχοβο, ονομάστηκε μεταπολε-μικά Δεσπότης στη μνήμη του μητροπολίτη Γρεβενών Λιμιλιανού. Στα ανατολικά της κεντρικής ράχης των Χα-σίων φωλιάζει το αγροτικό Φελλί, που βιώνει την ηρεμία μιας θέσης εκτός οδικού άξονα και μαζί με αυτή και τις συνέπειες μιας όλο και πιο έντονης απομόνωσης.

Αν στην Τουρκοκρατία η παρουσία στρατού για τον έλεγχο των οδικών αξόνων απώθησε τους οικισμούς μα-κριά από τους κύριους δρόμους, ο μηχανισμός αναστρά-φηκε μετά τις αρχές του αιώνα. Ειδικά μετά τον Β΄ Παγκό-σμιο πόλεμο, με την οριστική διέλευση της εθνικής οδού από τη ράχη, η ανάγκη της επικοινωνίας λειτούργησε κε-ντρομόλα και συγκέντρωσε τους τελευταίους κατοίκους των γύρω χωριών σε ένα ολότελα καινοφανή οικισμό. Πρόκειται για τους Αγίους Θεοδώρους, που δεν μοιάζει, ούτε στη δομή, ούτε στο ύφος με κανένα άλλο χωριό, καθώς

1

131. Ο Διάκος των Χασίων κείτεται εγκαταλειμμένος στην άγρια
πρασινάδα, που ανακτά τις προσωρινά χαμένες επικράτειές της.

παρατάσσει τις πανομοιότυπες διώροφες κατοικίες του εκατέρωθεν του δρόμου Γρεβενών-Καλαμπάκας. Από τους οικισμούς που τροφοδότησαν τη νέα κοινότητα, ο κοντινότερος ήταν η Πλέσια, ένας αδύναμος οικισμός χτισμένος σε αραιή διάταξη κοντά, αλλά έκκεντρα, στο δρόμο και που τα τελευταία χρόνια μετονομάστηκε σε Μελίσσι. Πολύ μακρύτερα, η Γεωργίτσα έχει εγκαταλειφθεί τελείως και μόνο η εκκλησία μαρτυρά ότι τα σκόρπια ερείπια ανήκαν κάποτε σε ένα κανονικό χωριό. Εξίσου απομονωμένο, το Λιμπίνοβο, υπήρξε ένας αξιόλογος οικισμός με 40 μεγάλα σπίτια, που σχηματίστηκε στα τέλη του 19ου αιώνα από τη συνοίκηση των κτηνοτρόφων της περιοχής. Στις αρχές του αιώνα μας, ο οικισμός ονομάστηκε Διάκος, μνημονεύοντας τον διάκονο του Αιμιλιανού, που χάθηκε μαζί με τον μητροπολίτη του στη φονική εκείνη ενέδρα των Χασίων. Η αλλαγή του ονόματος δεν άλλαξε και τη μοίρα του χωριού και σήμερα ο Διάκος ζει τη μοναξιά ενός εποχιακού καταυλισμού κτηνοτρόφων. Ωστόσο τα ορθογώνια πετρόχτιστα σπίτια, που μοιάζουν πραγματικά νησιά δομημένης πέτρας μέσα στην άμορφη θάλασσα των πρασινοντυμένων λόφων, και η μεγαλόπρεπη εκκλησία θυμίζουν την πρόσκαιρη ακμή των οικισμών τούτων των έσχατων αναγλύφων των Χασίων. Όσο για τα δέντρα τους, καρυδιές, μηλιές, δαμασκηνιές συνεχίζουν να καρ-

132, 133. Στις αγροτικές αποθήκες και τα βοηθητικά κτίσματα, η τοιχοποιία δημιουργείται από πολύ απλά υλικά, όπως ξύλα και λάσπη (132) ή πλεγμένα κλαδιά (133).

134. Σπίτι στο Δεσπότη. Στα Χάσια το εύκολο σε κατεργασία οικοδομικό υλικό του Βοΐου σπανίζει και ο χτίστης καταφεύγει στις ποταμίσιες κροκάλες. Το στρογγυλεμένο και ακανόνιστο σχήμα της κροκάλας έκανε αναγκαία τη χρήση λάσπης, που αφαιρεί κάθε δομική γραμμή από την τοιχοποιία και τονίζει το χρωματικό στοιχείο της πέτρας.

135. Ο Θανάσης, κτηνοτρόφος από τα Τρίκαλα, νοικιάζει το λιβάδι στο Πινιάρι, τοπωνύμιο που μνημονεύει τον αγροτικό συνοικισμό που υπήρξε κάποτε στα μέρη αυτά.

135

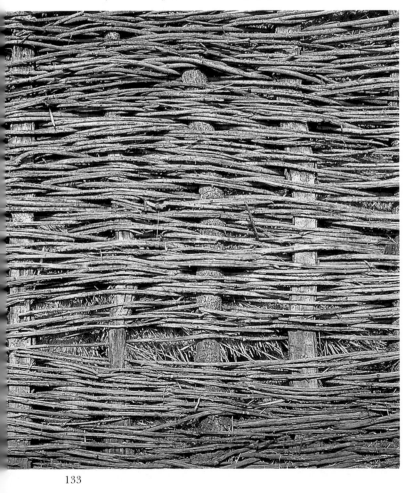

133

134

πίζουν με μοναδικούς πλέον νομείς τα ζώα του δάσους, που έρχονται ανενόχλητα πια να τα επισκεφτούν.

Αντίθετα με τους οικισμούς αυτούς που ερήμωσαν, τα άλλα χωριά των Χασίων κατόρθωσαν να επιβιώσουν της μετανάστευσης και της απομόνωσης. Στην άκρη ενός κύριου παρακλαδιού της κεντρικής ράχης των Αγίων Θεοδώρων, οι παλιοί Γκριντάδες, που κάποτε ήταν το μεγαλύτερο χωριό της περιοχής, διατηρούν κάποια ζωντάνια μέσα στο ήσυχο αγροτικό παρόν τους. Το χωριό πήρε το όνομα του Αιμιλιανού, του μαχόμενου μητροπολίτη Γρεβενών. Οι κυριότερες γεωργικές γαίες του χωριού απλώνονται προς τις ομαλές ανατολικές εκτάσεις, ωστόσο στην απότομη δυ-

τική πλαγιά που κατηφορίζει μέχρι τον Σταυροπόταμο συναντάμε τρεις πετρόχτιστες εκκλησίες, πιθανότατα θέσεις παλιών συνοικισμών. Στο νότιο άκρο της κεντρικής ράχης των Αγίων Θεοδώρων, εκεί που το χαλαρό υπόστρωμα των χασιώτικων αναγλύφων έχει καταφαγωθεί από τη συνδυασμένη δράση του Σταυροποτάμου και της Σιούτσας, βρίσκεται η Ανθρακιά, που παλιότερα λεγόταν Μάνες. Ο οικισμός έχει αναπλαστεί και έχει χάσει την παλιά μορφή του, ενώ οι κάτοικοι έχουν στραφεί στη γεωργία. Ωστόσο το χωριό ήταν κάποτε καθαρά κτηνοτροφικό, όπως μαρτυρούν τα μαντριά που συναντά κανείς αναπάντεχα στο δάσος, ενώ οι βοσκές του εκτείνονταν μέχρι τα θεσσαλικά χωριά

136

του συγκροτήματος. Στα βόρεια της Ανθρακιάς και κάτω από την επιτήρηση του πυροφυλακίου, απλώνεται η μεγάλη αναδάσωση κωνοφόρων, στην οποία το χωριό θυσίασε ένα μέρος από τα βοσκοτόπια του.

Στη δυτική όχθη του Σταυροπόταμου, ο Σιταράς βρίσκεται στην άκρη μιας μακρύτατης και ομαλής ράχης που έρχεται απο την κορυφή των Χασίων, λίγο πριν χαθεί στις κοίτες των κοιλάδων. Τα λιγοστά σπίτια και η μεγάλη εκκλησία που ξαναχτίστηκε περιβάλλονται από μια ζώνη με μαντριά. Κάτω από το χωριό και μέχρι τις κοιλάδες, ανάμεσα στις δαντέλες του κάποτε ενιαίου δρυοδάσους χρυσίζουν τα πεδία του ανοιξιάτικου σταριού, ενώ τόσο το σημερινό, όσο και το παλιό όνομα του χωριού, Σίτοβο, θυμίζουν την προσήλωση της ορεινής οικονομίας στο στάρι.

Νότια από τον Σιταρά, τα Πριόνια και η Καλλιθέα φωλιάζουν σε θέσεις με νερό και αρκετή άπλα. Την εποχή που η Καλλιθέα λεγόταν ακόμα Μπάλτινο, αρκετοί κάτοικοι μιλούσαν βλάχικα, αλλά ποιός μπορεί να πει, αν αυτό οφειλόταν στην καταγωγή, σε μετεγκαταστάσεις ή επιμειξίες ή τέλος στις στενές σχέσεις του χωριού με την Κρανιά. Αυτά τα δύο χωριά μαζί με τον Πλατανιστό ιου νομού Τρικάλων και τα χωριά της Φιλουριάς, ανήκαν τον προηγούμενο αιώνα ϭιη σφαίρα επιρροής της μητρόπολης Τρίκκης και Σταγών και αφιέρωναν ϭιο μοναστήρι των Σταγιάδων. Τα Πριόνια, που παλιότερα λέγονταν Μπόζοβο, διατήρησαν τη χαλαρή δόμησή τους και την καλοχτισμένη παλιά εκκλησία τους. Ακόμα πιο ξεκάθαρη σχέση με την Κρανιά είχε το Βελόνι, μικρός γεωργοκτηνοτροφικός οικισμός που παρέμεινε εξαρτημένος από την Κρανιά έως το 1960, οπότε και εγκαταλείφθηκε. Στην περίοδο της ακμής του το Βελόνι είχε αρκετές οικογένειες που διατηρούσαν μεγάλα κοπάδια στο δρυοδάσος και τις κορυφές του Ζυγού. Ελάχιστα ερείπια απομένουν για να θυμίζουν την ύπαρξη του οικισμού, η εκκλη-

136. Ερείπια αγροικίας στο Μελίσσι.

137. Αν και το χωριό Βελόνι έχει εγκαταλειφθεί εδώ και 35 χρόνια, δεν έχει ξεχαστεί τελείως από τους παλιούς κατοίκους του. Το καλοκαίρι του 1996, ο μικρός Βασιλάκης άνοιξε για τα βαφτίσια του την εκκλησία της Ζωοδόχου Πηγής.

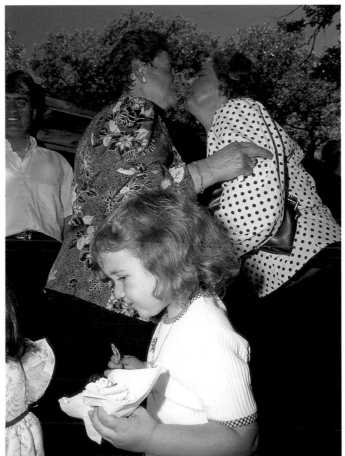

137

σία του όμως είναι σε πολύ καλή κατάσταση, γεγονός που δείχνει τη φροντίδα των Βελονιτών.

Οι ανατολικές απολήξεις των Χασίων χάνονται κάτω από τις παλιές αποθέσεις του Αλιάκμονα. Εκεί απλώνεται η Φιλουριά, μια μεγάλη ομαλή έκταση που οριοθετείται από τα Χάσια, τη Βουνάσα και τον Αλιάκμονα. Στο κέντρο της Φιλουριάς εκτείνεται ένα απέραντο πλάτωμα, που το αυλακώνει η μεγάλη ρεματιά της Σιούτσας με τα παρακλάδια της. Στον άνω ρου της, η Σιούτσα διαγράφει ένα μεγάλο χαλικόστρωτο τόξο ανάμεσα σε αραιά δρυοδάση και καχεκτικά πλατάνια. Όλη αυτή η διαδρομή είναι βυθισμένη σε μια απόλυτη ερημιά, μια πλήρη απουσία από ίχνη ανθρώπινης δράσης. Μόλις βγει από τις κοιλάδες των Χασίων, η Σιούτσα αλλάζει όψη και η αραιή βλάστηση δίνει τη θέση της σε μια πραγματική παραποτάμια αψίδα από πλατάνια που στεγάζει την πλούσια υδρόβια ζωή του ρέματος. Μαζί με την αλλαγή του τοπίου, συναντάμε και το πρώτο κτίσμα, το νερόμυλο του Πορτίκα, που κείται ερειπωμένος, φτωχή ανάμνηση της εγκατάστασης που συγκέντρωνε κάποτε τα γεννήματα του Αγιόφυλλου, της Τρικοκκιάς και της Άνοιξης. Απο δω και πέρα, ο τόπος προδίδει τη μακροχρόνια παρουσία των ανθρώπων. Πράγματι, η Φιλιουριά κατοικήθηκε από τα Νεολιθικά χρόνια και έφτασε να συντηρεί ένα γαλαξία μικρών γεωργικών συνοικήσεων από τον οποίο σώθηκαν μόνο επτά χωριά, η Άνοιξη, η Τρικοκκιά, το Τριφύλλι και η Κατάκαλη στα νότια, το Καρπερό, η Δήμητρα και η Παλιουριά στα βόρεια. Στο

138. Οι ρεματιές που αυλακώνουν μαιανδρίζοντας το πλάτωμα του Καρπερού χαράζουν φυσικούς διαδρόμους στη φαινομενικά επίπεδη γεωργική γη.

139. Στο εσωτερικό της Φιλουριάς, οι αγρότες συνεχίζουν τις παμπάλαιες ασχολίες τους: πλύσιμο της φλοκάτης στη ρεματιά, ψάρεμα και κυνήγι.

139

κέντρο του πλατώματος η εκκλησία της Αγίας Παρασκευ-
ής, όπου κάθε 26η Ιουλίου γίνεται μεγάλο πανηγύρι, επι-
σημαίνει την παρουσία του αγροτικού συνοικισμού Καλα-
πόδι, που διαλύθηκε στα μέσα του αιώνα μας.

Τα τέσσερα νότια χωριά της Φιλουριάς έχουν καταφέ-
ρει να κρύψουν τις παλιές τοιχοποιίες κάτω από τους νεό-
τερους σοβάδες αλλά όχι και την αγροτική φυσιογνωμία
τους. Το χωριό που παλιότερα λεγόταν Γρηά ή Γκρέουσα
και σήμερα Άνοιξη βρίσκεται πάνω στον κύριο δρόμο για
την Καλαμπάκα και δοκιμάζει τα υπέρ και τα κατά αυτής
της θέσης διστακτικά, όπως έκανε και ένα αιώνα νωρίτερα
γειτνιάζοντας με το συνοριακό φυλάκιο του Αγιόφυλλου.
Τα άλλα τρία χωριά, η Τρικκοκιά, το Τριφύλλι και η Κα-
τάκαλη, έχουν διαλέξει για την οριστική εγκατάστασή τους
κρυπτικές θέσεις στους παραπόταμους της Σιούτσας,

αφού έζησαν για πολύ με την απειλή των ληστρικών συμ-
μοριών και αναγκάστηκαν να εγκαταλείψουν τις παλιότε-
ρες θέσεις στο πλάτωμα αναζητώντας την ασφάλεια της
ορεινής τοπογραφίας. Τα χωριά αυτά, όπως και οι όμορες
κοινότητες του νομού Τρικάλων, ήταν και παραμένουν
κτηνοτροφικά και δευτερευόντως επιδίδονται στη γεωρ-
γία, με εξαίρεση την Τρικκοκιά, που μετά την άρδευση
των χωραφιών από τις υπόγειες δεξαμενές του κροκαλο-
παγούς υπεδάφους, έχει προσηλωθεί στην καλλιέργεια του
καλαμποκιού και των καπνών. Νότια από το Τριφύλλι που
παλιά λεγόταν Σινίτσα, βρίσκονται τα ερείπια του κτηνο-
τροφικού συνοικισμού Βαλάνι και τα ξωκλήσια του Αγίου
Γεώργιου και της Παναγιάς της Νουμπενίτσας.

Το Καρπερό και η Δήμητρα, δύο από τους μεγαλύτε-
ρους οικισμούς του νομού, βρίσκονται στο βόρειο άκρο της

Φιλουριάς. Το Καρπερό, η παλιά Δημηνίτσα, είναι το οικιστικό κέντρο της περιοχής, εξυπηρετώντας με τα σχολεία του τα παιδιά των γειτονικών χωριών και με την αγορά του ένα μέρος από τις συναλλαγές τους. Χτισμένο στο χαμηλότερο σημείο του πλατώματος της Σιούτσας, το χωριό έχει υψώσει ένα μεγάλο υδατόπυργο ως ορόσημο της επίπεδης επικράτειάς του. Μαζί με τη Δήμητρα, που λεγόταν Αράπι, μοιράζονται τις ευεργετικές συνέπειες του μεγάλου αρδευτικού έργου, που μετατρέπει τα εύφορα εδάφη της Σιούτσας στις πιο παραγωγικές γαίες του νομού, προσφέροντας αξιόλογες αποδόσεις σε καπνά, καλαμπόκι και ντομάτα. Τα δύο χωριά διατηρούν τη νεολαία τους, που μετά τη βασική εκπαίδευση στρέφεται στη γεωργία. Τέλος, στους πρόποδες της Βουνάσας και στενά δεμένη τόσο με τη Φιλουριά, όσο και με τα νότια Βέντζια βρίσκεται η Παλιουριά. Το σημερινό χωριό έχει προκύψει από τη σταδιακή συγχώνευση εννιά συνοικισμών, που άλλοι ήταν απλωμένοι στους πρόποδες της Βουνάσας, γύρω από το Ζημνιάτσι, το συνοικισμό που έδωσε το παλιό όνομα του χωριού, και άλλοι χαμένοι στην περίμετρο της Σιούτσας, που τους θυμίζει κάποιο ξωκλήσι. Το πιο παλιό από τα ξωκλήσια, ο Άγιος Γεώργιος, ιστορήθηκε το 1554, αν και σήμερα, μετά την πρόσφατη ανακαίνιση, δεν διατηρεί παρά μικρό μέρος από τις τοιχογραφίες του μέσα στην κόγχη. Αντίθετα με την υπόλοιπη Φιλουριά, που διατηρεί στενές οικονομικές σχέσεις με τη Καλαμπάκα και τα Τρίκαλα, και μόνο διοικητικές δεσμεύσεις τη φέρνουν μέχρι τα Γρεβενά, η Παλιουριά έχει συχνές επαφές με τα χωριά της Κοζάνης και δεν αγνοεί τη Δεσκάτη.

140. Η Παλιουριά απλώνεται στα όρια της Φιλουριάς και των Βεντζίων.

141. Καρπερό, καλλιέργεια βιομηχανικής ντομάτας.

141

Τα Βέντζια

Τα Βέντζια είναι η μεγάλη περιοχή που εκτείνεται ανάμεσα στους πρόποδες του Βούρινου και τον Αλιάκμονα. Η λέξη ανακαλεί το παλιό όνομα του Κέντρου, Βέντζι που κι αυτό με τη σειρά του προέρχεται από το τοπικό όνομα του χρυσόξυλου, του θάμνου που το φθινόπωρο κοσμεί με τα πορφυρά του φυλλώματα τα πρανή της μολάσσας. Ανοιχτό αλλά άμορφο, το τοπίο των Βεντζίων συγκρατεί ως σημεία αναφοράς τον Κίσσαβο και την Ανάληψη, οφιολιθικά παρακλάδια του Βούρινου που υψώνονται λίγες εκατοντάδες μέτρα. Την άνοιξη, η γεωλογία των Βεντζίων γίνεται προφανής. Ό,τι πρασινίζει είναι μάργες, ενώ όπου απλώνονται αραιοντυμένα βοσκοτόπια είναι τα μέρη που το οφιολιθικό ή κροκαλοπαγές υπόστρωμα βγαίνει στην επιφάνεια. Στις υπώρειες του Βούρινου το τοπίο παίρνει το χαρακτηριστικό κοκκινωπό χρώμα του περιδοτίτη, που μεταφέρεται και στις πρόχειρες τοιχοποιίες των καλυβιών του Έξαρχου. Αντίθετα, σε όλα τα υπόλοιπα χωριά οι εκκλησίες και τα άλλα παλιά κτίρια φτιάχτηκαν από τον μαλακό καφεγκρίζο ψαμμίτη της μολάσσας. Τα σπίτια, που τα περισσότερα τα έχτισαν ντόπιοι μαστόροι, ήταν, μέχρι τις αρχές του αιώνα, τετράγωνα μονώροφα και το ρόλο του κατωγιού αναλάμβαναν ανεξάρτητα βοηθητικά κτίσματα από πλίνθες ή πλεγμένα κλαδιά. Η απότομη αύξηση των στεγαστικών αναγκών μετά το 1920 γέννησε ένα μεγάλο αριθμό πλινθόχτιστων σπιτιών, που μετά το 1970 άρχισαν να αντικαθίστανται από συνηθισμένες κατασκευές οπλισμένου σκυροδέματος. Ωστόσο, πριν τα χωριά υιοθέτησουν πλήρως την τυπική εικόνα των ελληνικών αγροτικών οικισμών, πρόλαβε ο σεισμός του 1995 και εγκατέστησε τη ζωή των Βεντζίων σε μεταλλικά κελύφη. Τρία χρόνια αργότερα, οι περίεργες αυτές λαμαρινένιες καλύβες εξακολουθούν να συνυπάρχουν, προσωρινές και μόνιμες ταυτόχρονα, με τα εγκαταλειμμένα ερείπια, τα άπειρα γιαπιά και τις ανέκφραστες συμβατικές οικοδομές.

Παρ' όλο που τα Βέντζια έχουν αποκαταστήσει πια τη σύνδεσή τους με τα Γρεβενά μέσω της γέφυρας στον Πόρο, όπως και με τη Φιλουριά και τη Δεσκάτη μέσω της γέφυρας στην Παναγιά, και τέλος με το Καλόχι και τα Χάσια με τη γέφυρα στην Αγάπη, η ζωή και η οικονομία τους καθρεφτίζουν ακόμα τη μακραίωνη απομόνωση από τους μεγάλους δρόμους που συνδέουν την Ήπειρο, τη Μακεδονία και τη Θεσσαλία. Αποκομμένα από τα δυτικά μέχρι τα μέσα του αιώνα από το ρου του Αλιάκμονα, δεν είναι παράξενο, ότι τα βόρεια Βέντζια αναζήτησαν διέξοδο προς τη Σιάτιστα, ενώ τα νότια προς την Κοζάνη. Στις αρχές του αιώνα, όταν εξαγγέλθηκε το σχέδιο της σιδηροδρομικής σύνδεσης Κοζάνης - Καλαμπάκας, τα Βέντζια έζησαν μια σύντομη περίοδο ελπίδας για την άρση της απομόνωσης. Οι εργασίες όμως ξεκίνησαν μόλις το 1926 και προχώρησαν πολύ αργά. Τελικά, αν και μεγάλο μέρος της κτιριακής υποδομής κατασκευάστηκε και στρώθηκαν περίπου 17 χιλιόμετρα γραμμής από

143

την Κοζάνη προς τη Μπάρα, το τρένο δεν πέρασε ποτέ. Πέρα από τη βαθιά απογοήτευση που έσπειρε στις καρδιές των ντόπιων, η σύντομη ιστορία του τρένου άφησε πίσω της μια σειρά από ορύγματα, σήραγγες, βάθρα γεφυρών καθώς και κτίρια σταθμών στο Αγιόφυλλο, το Καρβούνι, το Καρπερό, τη Μικροκλεισούρα και την Αγάπη. Οπωσδήποτε, μετά την κατασκευή των οδικών γεφυρών οι μετακινήσεις προς τα Γρεβενά άρχισαν να πυκνώνουν και τουλάχιστον τα βόρεια Βέντζια δέχονται πια μια ισχυρή έλξη και επιρροή από την πόλη, ενώ τα νότια αναζητούν ακόμη τα σημεία αναφοράς τους.

Σε μικρή σχετικά απόσταση από τα Γρεβενά, η Κνίδη είναι από τα πιο δυναμικά αγροτικά χωριά του νομού, κέντρο μιας μικρής περιφέρειας που περιλαμβάνει πέντε ακόμα συνοικισμούς. Ο οικισμός έχει ένα πλούσιο παρελθόν από ατυχείς εποικήσεις και αντίστοιχες μετακινήσεις. Η πρώτη απόπειρα οίκησης, που εντοπίστηκε, χρονολογείται στην Παλαιολιθική εποχή, όταν οι πρώ-

144

τοι κάτοικοι εγκαταστάθηκαν στη θέση Παλιοκνίδη. Η οίκηση αυτή διακόπηκε απότομα και, ενώ ίχνη ανθρώπινης παρουσίας ξαναβρίσκονται σε όλες τις επόμενες περιόδους, χρειάζεται να φτάσουμε στην περίοδο της Τουρκοκρατίας για να βρούμε σημάδια της Παλιοκόπριβας και της Παλιόχωρας, μικρών συνοικισμών που άφησαν ελάχιστα ίχνη. Στην ύστερη Τουρκοκρατία οι κάτοικοι συγκεντρώθηκαν στη θέση της σημερινής Κνίδης, που αρχικά ονομάστηκε Κοπρίβα και ανέλαβε ρόλο πύλης για την επικοινωνία των Βεντζίων με τα Γρεβενά. Η Κοπρίβα ήταν πολύ κοντά στην πόλη για να συστήσει ένα νέο κέντρο και πολύ έκκεντρα στα Βέντζια για να εμποδίσει την ανάπτυξη των άλλων τοπικών πόλων, όπως η Σαρακήνα και οι Αγαλαίοι. Το χωριό έφτασε τον 19ο αιώνα να συντηρεί το μεγαλύτερο αριθμό οικογενειών από κάθε άλλο χωριό στα Βέντζια, ενώ στις αρχές του

142, 143. Το φθινόπωρο, τα άσημα χρυσόξυλα των Βεντζίων λάμπουν με το δικό τους φως.

144. Ψάρεμα στον Αλιάκμονα, κοντά στο χωριό Αγάπη.

145. Ο έρημος σταθμός στο Καρβούνι δεν γνώρισε άλλους ταξιδιώτες από τους περιπλανώμενους φύλακες των ατέλειωτων δασόδρομων της Πίνδου.

145

146. *Η εκκλησία είναι το μόνο κτίσμα που διατηρείται σε καλή κατάσταση στον ερειπωμένο οικισμό Πευκάκια.*

147. *Ανάμεσα στα ερείπια που άφησαν πίσω τους οι σεισμοί του 1995 και τα γιαπιά που σύντομα τα διαδέχτηκαν, το καμπαναριό της Κνίδης παρέμεινε περήφανο και αλώβητο στη θέση του.*

20ού δέχεται και νέους κατοίκους, στην αρχή μια ομάδα από το Κυπαρίσσι και μετά τους πρόσφυγες από τη Μικρά Ασία. Με νέο όνομα και νέο δυναμισμό, η Κνίδη πια επιδίδεται στη γεωργία και διανύει μια μακριά περίοδο ακμής, που κορυφώνεται με την εξαγορά των δημόσιων εκτάσεων της Βοϊδόλακκας, όπου η κοινότητα δοκίμασε την τύχη της στην εξόρυξη. Ο μεγαλύτερος οικισμός της Κνίδης είναι ο Πόρος, που οφείλει τη θέση του και το σημερινό του όνομα –το παλιό ήταν Γκοστόμι– στην παρουσία ενός από τα στενότερα και ρηχότερα

146

περάσματα του Αλιάκμονα ανάμεσα στα Βέντζια και τα Γρεβενά. Λίγο βορειότερα από τον Πόρο ξανάνθισαν, μετά το 1924 και την εγκατάσταση των Μικρασιατών προσφύγων, δύο παλιότεροι οικισμοί, η Σαντοβίτσα και το Λουτζίσινο, που ξαναβαφτίστηκαν Μικροκλεισούρα και Λαγκαδάκια αντίστοιχα. Παρ' όλο που τα δύο χωριά νέμονται ένα αξιόλογο ποσοστό από τα ποτιστικά στρέμματα των Βεντζίων, οι άνθρωποι έφυγαν για να συναντήσουν τους δικούς τους στην Κνίδη ή τα Γρεβενά. Κοντά στον Πόρο είναι και ο τέταρτος δορυφόρος της Κνίδης, το Πιστικό. Οι κάτοικοι, που καλλιεργούν τις ομαλές εκτάσεις κοντά στον Αλιάκμονα, συγκέντρωσαν τα λιγοστά σπίτια του συνοικισμού αντίκρυ στην πετρόχτιστη και αγιογραφημένη εκκλησία του περασμένου αιώνα. Ο τελευταίος ζωντανός οικισμός της Κνίδης, η Ιτέα, είναι χτισμένη πάνω στα δύο μπράτσα που συσφίγγουν μια μικρή ρεματιά, μέσα στην οποία βρισκόταν ο παλιός νερόμυλος του χωριού. Οι κάτοικοι, αποκλειστικά αγρότες, ξέφυγαν από την μοίρα του μικρού κλήρου μόλις το 1970, όταν πέρασαν από τα δημητριακά στα καπνά, που εκείνη την περίοδο είχαν πολύ καλή τιμή. Η αντικατάσταση των παλιών σπιτιών του Βούρμπουβου, όπως λεγόταν παλιά το χωριό, με τα σημερινά κοινότυπα κτίσματα ξεκίνησε την περίοδο αυτή, για να ολοκληρωθεί μετά τους σεισμούς του 1995. Τέλος, στους δυτικούς πρόποδες του Κισσάβου άκμασε μέχρι τα μέσα του αιώνα το Κολοκυθάκι, έρημος πια συνοικισμός της Κνίδης, που στους χάρτες σημειώνεται με το όνομα Πευκάκια και που αποτελείται από μια ομάδα ερειπωμένων πέτρινων σπιτιών γύρω από μια καλοχτισμένη ενοριακή εκκλησία και ένα παλιότερο εικονογραφημένο ξωκλήσι.

Το βορειότερο χωριό της ενότητας είναι ο Έξαρχος, που, αν και βρίσκεται στους πρόποδες του Βούρινου, δεν είναι ορεινό χωριό. Η επικράτειά του εκτείνεται μέχρι

147

148

148. Ο μικρός μυωξός έκανε σπίτι του το ξωκλήσι του Άη-Θανάση στον Έξαρχο.

149. Εκκλησία μετά τους σεισμούς στον Βάρη.

150. Έξαρχος, χειμώνας στα προκατασκευασμένα σπίτια.

149

τον Αλιάκμονα και μόνο τα κοπάδια ανεβαίνουν προς τις απότομες κοκκινόχρωμες πλαγιές, μέσα από τη μικρή κοιλάδα που φιλοξενεί το ξωκλήσι του Αη-Θανάση. Ο συγγενικός οικισμός του Βάρη, η παλιά Βάρτσα, ρίζωσε στα ομαλά ανάγλυφα ανάμεσα στον Βούρινο και τον Κίσσαβο. Το μικρό χωριό μόλις κατάφερε να διασώσει την αγροτική του υπόσταση και σήμερα κείται λαβωμένο από το σεισμό του 1995.

Στα νότια του Κισσάβου, οι Πυλωροί βρίσκονται καταμεσής των επίπεδων σταροχώραφων, στη θέση όπου συγκεντρώθηκαν οι συνοικήσεις των γεωργών της περιοχής. Πάνω στους λόφους που περιβάλλουν την τοποθεσία και στις άκρες του οικισμού, παραμένουν τα παλιά ορι-

θετικά στοιχεία, οι εκκλησίες του Αγίου Αθανασίου, του Αγίου Δημητρίου, του Αγίου Βλασίου, του Αγίου Αντωνίου και των Αγίων Αποστόλων. Σήμερα, οι κάτοικοι του χωριού έχουν ξαναστραφεί στη γεωργία, αφότου έκλεισαν τα μεταλλεία της Αετορράχης και της Βοϊδόλακκας. Ανηφορίζοντας προς το μικρό όγκο Φακιόλια και καθώς το ανάγλυφο γίνεται όλο και πιο έντονο, βρίσκουμε την Ποντινή. Το χωριό, κατοικημένο κάποτε από Βαλαάδες, που το έλεγαν Ζόριστα, και στη συνέχεια από πρόσφυγες, απολαμβάνει μια ανεμπόδιστη θέα από τα Βέντζια μέχρι την Πίνδο, μακριά στα δυτικά. Νότια από την Ποντινή βρίσκεται το Παλιοχώρι, χτισμένο στο πλάι ενός μικρού λόφου που φιλοξενεί το υπαίθριο θέατρο του χωριού και στην έξοδο της μεγάλης ρεματιάς που κατεβαίνει από την Ανάληψη. Ο οικισμός, που χτυπήθηκε από τους σεισμούς το 1995 ανοικοδομείται με γοργούς ρυθμούς. Άλλοτε απλός πόλος μιας σειράς αγροτικών συνοικισμών, απέκτησε πρόσφατα χάρη στην ίδρυση του γυμνασίου και την ενίσχυση του διοικητικού του ρόλου, κομβικό ρόλο στα νότια Βέντζια. Ωστόσο, ο ρόλος αυτός διαμφισβητείται καθώς το κέντρο των νότιων Βεντζίων δεν έχει ακόμα σταθεροποιηθεί, αποτέλεσμα του μικρού ειδικού βάρους των οικισμών. Ο παλιός πυρήνας των νότιων Βεντζίων ήταν το Κέντρο, το παλιό Βέντζι. Στην καρδιά μιας περιοχής που κατοικήθηκε από πολύ παλιά, όπως μαρτυρούν τα λείψανα οικιών που βρέθηκαν στις πτυχές του Αλιάκμονα, το Κέντρο διατήρησε τη σημασία του για μεγάλο διάστημα. Στη μέση Τουρκοκρατία υποδέχθηκε τη μεγάλη εμποροπανήγυρη, το Κοντζά παζάρ, και εξελίχθηκε σε έδρα της οθωμανικής διοίκησης των Βεντζίων. Αργότερα, το Κοντζά παζάρ ατόνησε μπροστά στην αίγλη της εμποροπανήγυρης των Γρεβενών και στη συνέχεια το Κέντρο έχασε το διοικητικό του ρόλο, που τον διεκδίκησαν οι γειτονικοί Αγαλαίοι. Τελικά και τα

151

152

δύο χωριά, μαζί με το συγγενικό Νησί, αποδυναμώθηκαν και τώρα πια συνθέτουν ένα μικρό αγροτικό τρίγωνο στα ωχρά πρανή του Αλιάκμονα, που μοιάζει το χειμώνα με έρημο σκηνικό, ενώ το καλοκαίρι μόλις που ανθίζει κάποιο χρώμα στις αραιοδομημένες γειτονιές τους. Από τις αρχές του αιώνα μας, ο ρόλος του κέντρου των νοτίων Βεντζίων πέρασε στη Σαρακήνα. Το χωριό, χτισμένο κατά μήκος μιας ράχης και ανάμεσα στις βαθιές χαραδρώσεις που σκάβει το πλούσιο υδρογραφικό δίκτυο, έζησε μια μεγάλη περίοδο ακμής, όπως φαίνεται και από το μέγεθός του αλλά και τη με-

151. Η Ποντινή και στο βάθος ο Κίσσαβος των Βεντζίων.

152. Το τυροκομείο του Δήμτζα στο Νεοχώρι διοχετεύει τη γαλακτοκομική παραγωγή της περιοχής στην Κοζάνη, μητρόπολη της δυτικής Μακεδονίας και ταυτόχρονα φυσική και οικονομική διέξοδος των Βεντζίων.

153. Όταν μπει ο Σεπτέμβριος, από τις βουβές πλαγιές, γύρω από το Νεοχώρι, ξεχύνεται ένα δυνατό πορτοκαλί φως, που μοιάζει να θωπεύει τις ασπρόμαυρες ράχες των γιδιών.

γάλη εκκλησία του 19ου αιώνα. Η Σαρακήνα παραμένει και σήμερα το μεγαλύτερο χωριό των νότιων Βεντζίων και κόμβος για τους δύο συνοικισμούς που βρίσκονται πάνω απο την καμπή του Αλιάκμονα, το Νεοχώρι και το Δίπορο. Το Νεοχώρι είναι προϊόν της μετεγκατάστασης του μικρού κτηνοτροφικού οικισμού Γουρνάκι, που βρισκόταν στη θέση του σημερινού κοιμητηρίου. Ο συνοικισμός ενισχύθηκε από κτηνοτρόφους διαφόρων περιοχών, που ήρθαν και συγκατοίκησαν πάνω στη ράχη και ξαναμοίρασαν τις εκτάσεις του

χωριού, δημιουργώντας ένα νέο γεωργικό πρόσωπο με μεγάλο κλήρο. Λίγο πιο νότια το Δίπορο, που λεγόταν παλιά Χολένιστα, είναι μια από τις παλιότερες κατοικημένες θέσεις της κοιλάδας του Αλιάκμονα, όπως μαρτυρούν τα υπολείμματα κεραμικών και τα ερείπια φρουρίου που βρέθηκαν κοντά στο χωριό.

Το νοτιότερο χωριό των Βεντζίων, η Παναγιά, σκέκεται πάνω από το πρανές του Αλιάκμονα και συνδέεται με την αντικρινή Παλιουριά με μια μεγάλη μεταλλική γέφυρα. Παλιότερα, οι κάτοικοι του χωριού, που λεγόταν Τουρ-

154. Στο ασκηταριό της Ζάβορδας που φωλιάζει στους κατακόρυφους βράχους του φαραγγιού του Αλιάκμονα μόνασε τον 12ο αιώνα ο Καλλίστρατος. Τέσσερις αιώνες αργότερα, το ασκηταριό αναβίωσε με τον όσιο Νικάνορα, που ίδρυσε και τη μονή της Μεταμόρφωσης του Σωτήρος (Ζάβορδας) στην κορφή του υψώματος.

155, 156. Αγιογραφία και εγχάρακτη επιγραφή από το ασκηταριό της Ζάβορδας.

155

νίκι, πέρναγαν το μεγάλο ποταμό πάνω σ' ένα ιλιγγιώδες βαγονάκι, κρεμασμένο από συρματόσχοινο. Η Παναγιά παλεύει πάντα με τις άγονες εκτάσεις του Βούρινου και καλλιεργεί ακόμα και τις διασκορπισμένες δολίνες του ασβεστολιθικών απολήξεών του. Τα εδάφη της γειτονεύουν με μια έρημη περιοχή που φτάνει μέχρι το μοναστήρι του Ιλαρίωνα. Κάποιοι οικισμοί που καταγράφηκαν στα αφιλόξενα και δύσβατα αυτά ανάγλυφα τους περασμένους αιώνες και μπορεί να ανάγουν τη γέννησή τους στην περίοδο ακμής της Αιανής ή σε αναλαμπές του άλλοτε πανίσχυρου πυρήνα των Σερβίων, έχουν τώρα σβήσει οριστικά. Ανατολικά του χωριού βρίσκεται το ερειπωμένο μοναστήρι της Παναγιάς, όπου περισώζονται εξαιρετικά δείγματα ναοδομίας και αγιογραφίας. Λίγο πιο πέρα και στην κορφή του βράχου που δημιουργεί το φαράγγι του Αλιάκμονα, δεσπόζει η μονή του Οσίου Νικάνορα Ζάβορδας. Αν και το μοναστήρι είναι πια έρημο, συντηρείται χάρη στις φροντίδες της μητρόπολης και προσελκύει πολυάριθμους προσκυνητές. Μια φορά το χρόνο, στις 6 Αυγούστου, το πανηγύρι της Ζάβορδας, πολύχρωμο και θορυβώδες, γίνεται το σημείο συνάντησης ανάμεσα στα Βέντζια και τα χωριά της γειτονικής περιοχής του νομού Κοζάνης που λέγεται Τσιατσιαμπάς.

157. Η πύλη της μονής της Παναγιάς Τουρνικίου που το καθολικό της ανήκει σ' ένα σπάνιο τύπο διώροφου ναού.

158. Τοιχογραφία της Σταύρωσης από το καθολικό της μονής της Παναγιάς.

159. Κάθε χρόνο, στις 6 Αυγούστου η έρημη μονή της Ζάβορδας πλημμυρίζει από εκατοντάδες προσκυνητές από τα χωριά του Αλιάκμονα. Οι ετερόκλητες πραμάτειες μοιάζουν πιο πολύ με πολύχρωμο σκηνικό στη μεγάλη γιορτή της μονής, παρά με πραγματική εμποροπανήγυρη.

158

159

Το οροπέδιο της Δεσκάτης

Αυτό που ονομάζουμε οροπέδιο της Δεσκάτης είναι στην πραγματικότητα ένα πολύ πλατύ διάσελο, ένας διστακτικός υδροκρίτης που επιτρέπει στις ρεματιές να μαιανδρίσουν νωχελικά σε υψόμετρο 1000 μ., πριν πάρουν την τελική κατεύθυνσή τους. Στα δυτικά, τα νερά διασχίζουν ένα σύντομο φαράγγι και ενώνονται με τον Αλιάκμονα. Στα ανατολικά, οι απορροές αργοπορούν ανάμεσα στους λόφους πριν μαζευτούν στις παράλληλες κοίτες του Δασοχωρίτικου και του Δεσκατιώτικου ρέματος, που από το ύψος των ανατολικών συνόρων του νομού αντικρίζουν τα χρυσόγκριζα ανάγλυφα της Ελασσόνας. Η ανατολική αυτή είσοδος του οροπεδίου της Δεσκάτης είναι και το μοναδικό παράθυρο του νομού προς τη θάλασσα, που τη μαντεύει κανείς να πάλλεται πίσω από τις βαριές παρουσίες του Ολύμπου και της Όσσας.

Τόπος δύσκολος και φτωχός, το οροπέδιο της Δεσκάτης επιλέχθηκε για τα γεωγραφικά προνόμιά του και κατοικήθηκε ήδη πριν από τα ιστορικά χρόνια. Εικάζεται ότι αυτές οι διάσπαρτες συνοικήσεις συγκρότησαν στην αρχαιότητα την περραιβική πόλη Μονδαία, που τοποθετείται κάπου στη θέση της Δεσκάτης. Ωστόσο, θα πρέπει να φτάσει κανείς στα ύστερα Βυζαντινά χρόνια για να βρει σαφή στοιχεία για το όνομα και τη θέση κάποιων χωριών και να ανασυστήσει την πορεία ενός μικρού οικιστικού ιστού, που κατέληξε σήμερα σε ένα πλέγμα τεσσάρων οικισμών και δύο μικρών συνοικήσεων. Ένας από τους παλαιότερους οικισμούς, η Παρασκευή, βρίσκεται στα κράσπεδα του οροπεδίου και στο σύνορο προς τη Φιλουριά. Το μικρό χωριό μετακινήθηκε από την παλιά θέση του, ψηλά στις πλαγιές της Βουνάσας, για να βρεθεί εδώ και δυόμισυ αιώνες κοντά στο μοναδικό πέρασμα που κατεβαίνει από τη Δεσκάτη προς τα δυτικά. Η χρονολόγηση της παλιάς ερειπωμένης εκκλησίας, στα μέσα του 18ου αιώνα, σημειώνει την εποχή της μετακίνησης. Ο Γήλοφος, που αναφερόταν στην πρώτη τούρκικη απογραφή με το όνομα Αρναούτ Τζιούκα, διατηρεί κάποιες δραστηριότητες λόγω και της γειτνίασής του με τον οδικό άξονα που τέμνει τα Χάσια για να μπει στην κοιλάδα του Ίωνα ποταμού και να φτάσει στην Καλαμπάκα. Τέλος, το Δασοχώρι, που απογράφεται από το 15ο αιώνα με το όνομα Πιτσούγκια, είναι ο μόνος οικισμός που διατηρεί κάποια ζωντάνια, κυρίως χάρη στα καπνά, που συγκρατούν τους νέους στη γεωργία. Οι δύο επόμενοι συνοικισμοί, το Διασελάκι και ο Άγιος Γεώργιος, είναι πρακτικά έρημοι. Το Διασελάκι, που με το όνομα Σέλισμα επιβίωσε από τις αρχές του 17ου αιώνα μέχρι σήμερα, κατοικείται περιστασιακά από τους κτηνοτρόφους που οδηγούν τα κοπάδια τους στα τριγύρω δρυοδάση, ενώ ο Άγιος Γεώργιος, υστεροβυζαντινός οικισμός στις υπώρειες των Χασίων, έχασε τους τελευταίους μόνιμους κατοίκους του στη δεκαετία του 1960 και τώρα φιλοξενεί μόνο κάποιες κτηνοτροφικές μονάδες.

160. Οι πλαγιές της Βουνάσας στο απογευματινό φως.

161. *Ο μικρός οικισμός Γήλοφος, λίγο χαμηλότερα από τη ράχη που χωρίζει τη Μακεδονία από τη Θεσσαλία.*

162. *Τσοπάνισες στο Διασελάκι, σε παλιό σπιτικό που χρησιμοποιείται ως αγροικία.*

163. *Στους παλιούς κήπους των σπιτιών στο Διασελάκι, μαντρίζονται τα πρόβατα των κτηνοτρόφων που κατοικούν σήμερα στο χωριό.*

161

162

163

Αντίκρυ στα πέντε αυτά χωριά και ανάμεσα στον Τρέτιμο και τους πρόποδες της Βουνάσας, βρίσκεται η Δεσκάτη, ο σπουδαιότερος οικισμός του οροπεδίου. Όπως και στην περίπτωση των Γρεβενών, δεν είναι τα τοπογραφικά χαρίσματα της θέσης που υπέδειξαν την τοποθεσία του οικισμού, αλλά τα καραβάνια και τα νομαδικά κοπάδια, καθώς αναζητούσαν στο αβέβαιο ανάγλυφο του οροπεδίου το πέρασμα που οδηγεί από τις προκεχωρημένες θεσσαλικές κοιλάδες στις νοτιότερες επικράτειες της δυτικής Μακεδονίας. Ο οικισμός πρωτοαναφέρεται κάπου στον Μεσαίωνα με το όνομα Ντισικάτα. Μικρός ορεινός σταθμός στην αρχή, άπλωσε σταδιακά τις κτηνοτροφικές δραστηριότητές του στα άγονα εδάφη της Βουνάσας, αποψιλώνοντας το δρυοδάσος και δημιουργώντας εκτεταμένους βοσκοτόπους. Από τα τέλη του 17ου αιώνα οπότε η ορεινή οικονομία, μέχρι τότε καθηλωμένη στο πλαίσιο της επιβίωσης, έρχεται σε επαφή με τις ανατολικές και βαλκανικές αγορές, η Δεσκάτη, γεωγραφικός κόμβος ανάμεσα στη νότια Μακεδονία, την Ελασσόνα και τα χασιώτικα χωριά της Καλαμπάκας, εντάχθηκε στο δίκτυο των τοπικών μεταφορών. Όπως και σε κάθε σταυροδρόμι, έτσι και στη Δεσκάτη γρήγορα αναπτύχθηκαν επαγγέλματα συναφή με τις λειτουργίες του

165

164. Η Δεσκάτη, ανάμεσα στο ύψωμα του Τρέτιμου και τη Βουνάσα.

165. Η "αντρομάνα", ο ακροβατικός παραδοσιακός χορός, που διατηρούν με καμάρι οι Δεσκατιώτες, στήνεται στη γιορτή της Ζωοδόχου Πηγής στην κεντρική πλατεία της κωμόπολης.

166. Ο Χρήστος Ζαγκανίκας, γνωστός ως "Καραντζάς", είναι ο τελευταίος σαμαράς της περιοχής της Δεσκάτης.

166

167

167. Παλιά φορητή εικόνα από τη μονή της Ευαγγελίστριας στη Βουνάσα.

168. Από την Παλιουριά, ο δρόμος ανηφορίζει φιδωτά μέχρι τη μονή της Ευαγγελίστρας, που υψώνεται στο κέντρο μικρού οροπεδίου της δυτικής πλευράς της Βουνάσας. Το καθολικό της μονής που ανεγέρθηκε το 1757, έχοντας δεχτεί διαδοχικές επισκευές, διατηρείται σε άριστη κατάσταση, τα κελιά όμως έχουν υποστεί τη φθορά του χρόνου.

παρόδιου σταθμού. Από τότε η Δεσκάτη ξεχώρισε πληθυσμιακά στο οροπέδιο, συγκεντρώνοντας δυναμικό από τους γύρω οικισμούς. Από τον 18ο αιώνα αποτελεί υπολογίσιμο ορεινό οικισμό της θεσσαλικής ζώνης, εξαρτώμενο εκκλησιαστικά από τη μητρόπολη Ελασσόνας. Στα τέλη του 19ου αιώνα η Δεσκάτη υπήρξε για μια σύντομη περίοδο έδρα μητρόπολης, έχοντας πια ισχυροποιηθεί ως το κέντρο των δυτικών ορεινών οικισμών της Ελασσόνας, ρόλο που ωστόσο έχασε το 1964, όταν προσαρτήθηκε στο νομό Γρεβενών. Τις τελευταίες δεκαετίες, μέσα από τη σιωπηλή υποταγή στο νεωτερισμό που παρατηρείται στις ορεινές κοινωνίες, αναδύονται αστικά στοιχεία και λειτουργίες και έρχονται να γειτονέψουν με τα παραδοσιακά συστατικά μιας αγροτικής οικονομίας. Ο σημερινός οικιστικός ιστός, παρ' όλο που διατηρεί τα ονόματα των παλιών συνοικιών και ενοριών, λειτουργεί μονοπυρηνικά και διαρθρώνεται γύρω από την πλατεία του Αγίου Κωνσταντίνου, όπου τα πετρόχτιστα εμπορικά των αρχών του αιώνα υποχωρούν μπροστά στις καφετέριες και τα γραφεία, ενώ στα στενά δρομάκια σταθμεύουν βαριά τρακτέρ και στην περίμετρο του οικισμού λασπωμένα δρομάκια οδηγούν σε πρόχειρα μαντροστάσια. Αυτό το εύρος των λειτουργιών υποδηλώνει στην ουσία ότι, σε αντίθεση με τα Γρεβενά που αποκέντρωσαν σταδιακά λειτουργίες προς τους γειτονικούς οικισμούς, η Δεσκάτη δεν αποφάσισε να διαφοροποιηθεί από την κοινή αγροτική μοίρα του οροπεδίου ώστε να αφήσει στα άλλα χωριά κάποιο ρόλο ή μια ανάσα και συντηρεί κοντά στη μεταβατική ιστορικά και γεωγραφικά θέση της, ένα πολύχρονο δισταγμό ανάμεσα στο αγροτικό και το αστικό της πρόσωπο. Ο δυϊσμός αυτός επεκτείνεται σε όλες τις εκφάνσεις της καθημερινής ζωής. Ωστόσο, αν περπατήσει κανείς στις γειτονιές της, θα νιώσει πόσο ανάλαφρα απαντούν οι κάτοικοι της Δεσκάτης στα διλήμ-

1

ματα αυτά, αφήνοντας τις μνήμες και τα τοπικά έθιμα να συντηρούν την εφηβεία του χωριού με την ίδια άνεση που οι ίδιοι ενδύονται το ύφος της πόλης. Την απλότητα αυτή ενισχύει και η έλλειψη κοινωνικής στρωμάτωσης, αλλά και η απουσία χωρικών «προνομίων», όπως για παράδειγμα μια «ακριβή» συνοικία. Έκφραση αυτής της ομοιογένειας είναι η απογευματινή βόλτα στην πλατεία, που το καλοκαίρι φτάνει μέχρι τον Κουσλά, τον εγκαταλειμμένο τούρκικο στρατώνα. Στην καθημερινή αυτή συνήθεια της βόλτας, όπως και στην εβδομαδιαία έξοδο στα «κέντρα», η μαζική παρουσία και η αυθόρμητη ανάμειξη των κατοίκων αντανακλά μια κοινωνικότητα που είναι χαρακτηριστική του χωριού. Από την άλλη μεριά, μέσα από συλλογικές εκδηλώσεις, η Δεσκάτη καταφέρνει να θυμίζει –περισσότερο από τα Γρεβενά– την παλαιότατη επαφή της με τα γράμματα και τις κοινωνικές ζυμώσεις, που την οφείλει στη στενή σχέση της με τις θεσσαλικές πόλεις, συντηρώντας μια πολιτιστική κινητικότητα που αν και περιστέφεται κυρίως γύρω από την περιγραφή της τοπικής ταυτότητας, δεν παραλείπει ωστόσο να τη σχολιάζει με διαύγεια. Απερίφραστη αποδοχή μιας τέτοιας πορείας, ελεύθερης τελών αλλά ενδεχομένως παράτολμης, είναι η ανοιχτή αμφίδρομη πύλη που ύψωσε ο Χρήστος Μπουρονίκος μπροστά στο δημαρχείο της μικρής πόλης.

169. Ο Χρήστος Μπουρονίκος κατάγεται από το χωριό Παρασκευή και συνεχίζει την καλλιτεχνική πορεία του στο Βερολίνο. Συμβολική υπόμνηση της αδιάλειπτης σύνδεσής του με την πατρώα γη, η άσπρη πέτρα που ύψωσε στο διάβα των συντοπιτών του, στην πλατεία της Δεσκάτης.

170. Αγροτικές αποχρώσεις στο οροπέδιο της Δεσκάτης.

169

Και μ'αυτή τη νοητή πύλη της Δεσκάτης, που σηματοδοτεί ταυτόχρονα την «είσοδο» και την «έξοδο», κλείνει η περιήγηση στην περιοχή των Γρεβενών.

Παρ' όλο που τα στοιχεία παρεισφρύουν από μόνα τούς και οι εικόνες δεν μπορούν να αποφύγουν τελείως την καταγραφή, ο σκοπός αυτής της περιπλάνησης δεν ήταν η αποθησαύριση της πληροφορίας αλλά η προσέγγιση της ψυχής του τόπου. Χωρίς αμφιβολία, κανείς δεν μπορεί να μοιραστεί το πεπρωμένο του Γρεβενιώτη, να πονέσει δηλαδή από αγάπη και αδυναμία για τον τόπο του και να μεταφέρει με ένα τραγούδι ή μια αφήγηση το «είναι» της ζωής στα ανατολικά της Πίνδου. Για τον ταξιδιώτη είναι αναπόφευκτο, η πρώτη επαφή με την πολυπρόσωπη αυτή γη να μην αποδώσει παρά τις εικόνες και

τους ήχους που τον εντυπωσιάζουν ή τον συμπληρώνουν. Αυτός όμως που θα ανοίξει την καρδιά του στα στοιχεία της επιβίωσης και της ανάτασης, που τρέφουν και συνταράσσουν τις άσημες αυτές περιοχές, θα έρθει κάποια στιγμή που θα ανακαλύψει πίσω από τα σκοτεινά κουκούλια τους τα όντα της Πίνδου, καθώς συνεχίζουν την αέναη μετάλλαξή τους απορροφώντας όλες τις δυνάμεις που μπορούν να τα γονιμοποιήσουν. Στον ήχο του κλαρίνου, η βαριά χωρική τινάζει το πέπλο του χρόνου και επιδίδεται σαν άλλη μαινάδα σε τελετουργικά φυλαγμένα στα σεντούκια της μνήμης. Λίγο πιο πέρα, στο έρημο για χρόνια ξωκλήσι ξαφνικές ψαλμωδίες διώχνουν μια μέρα τις νυχτερίδες και κάπου στο αγροτικό σκηνικό ο ζωγράφος παγιδεύει το φως σε μια απροσδόκητη καμπύλη.

170

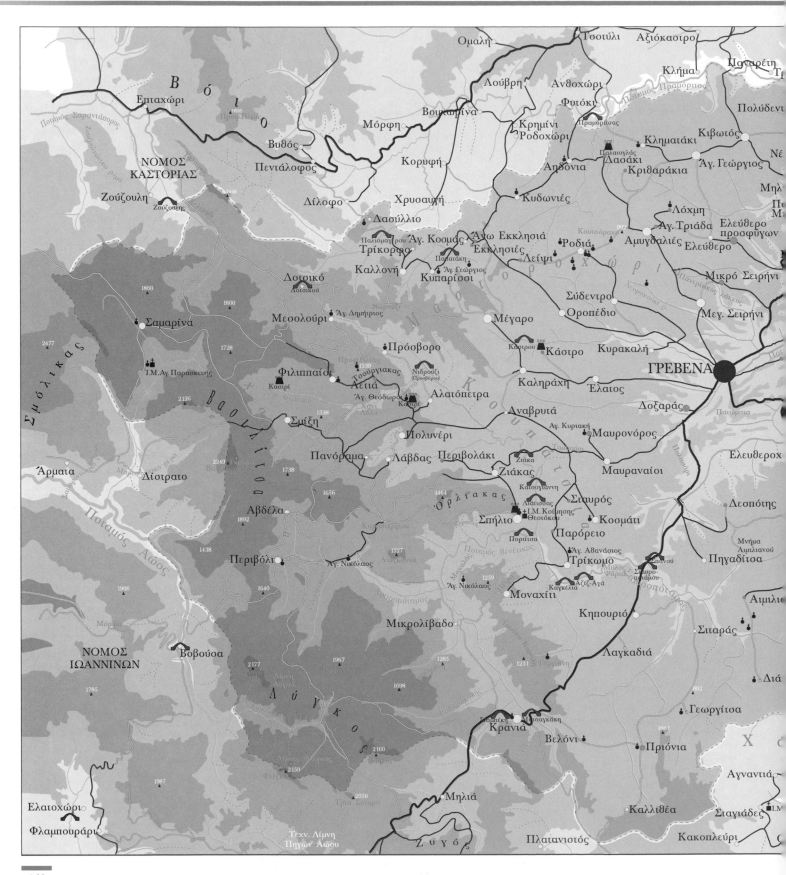

ΧΑΡΤΗΣ
ΝΟΜΟΥ ΓΡΕΒΕΝΩΝ

- ● Πόλεις
- ○ Χωριά
- • Συνοικισμοί
- ○ Εγκαταλειμμένοι οικισμοί

0-100 101-200 201-500 501-1.000 1001-5.000 >5.000 Κάτοικοι

Πληθυσμιακό μέγεθος οικισμών
(απογραφή 1991)

- Μοναστήρια
- Εκκλησίες
- Θέσεις και ερείπια οχυρώσεων
- Πέτρινα γεφύρια

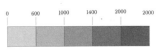

0 600 1000 1400 2000 2000

ΥΨΟΜΕΤΡΙΚΕΣ ΖΩΝΕΣ

Ο παρακείμενος χάρτης είναι απόσπασμα του
Πολιτισμικού Χάρτη νομού Γρεβενών που εξέ-
δωσε η Νομαρχιακή Αυτοδιοίκηση Γρεβενών.
Τα τοπωνύμια και τα μνημεία (μοναστήρια,
εκκλησίες και γεφύρια) που απεικονίζονται στο
χάρτη είναι αυτά που αναφέρονται στο κείμενο.

ΕΥΧΑΡΙΣΤΙΕΣ

Πάνω από όλα, αυτό το έργο αποτελεί για τους συγγραφείς του, ένα ολόψυχο αφιέρωμα στον τόπο που τόσο απλά τους δέχτηκε το 1987 και που στάθηκε όλα αυτά τα χρόνια κοντά τους. Αν οι ρίζες του βιβλίου βρίσκονται στην περίοδο που οι δύο συγγραφείς ζούσαν στην πόλη των Γρεβενών και περιπλανιόντουσαν στα ορεινά, δεν είναι τυχαίο που η κύηση άργησε τόσο και ξεκίνησε το 1996, κάτω από τη δύναμη της θέλησης του Αντώνη Πέτσα, πρώτου αιρετού νομάρχη, και του Θωμά Τσιάλτα, διευθυντή στη Νομαρχία. Σ' αυτούς τους δύο το βιβλίο οφείλει την ευκαιρία της πνευματικότητάς του. Χωρίς το περιβάλλον εμπιστοσύνης και αμεσότητας που και οι δυο ξέρουν τόσο καλά να δημιουργούν, ο αναγκαίος μετασχηματισμός από πρόπλασμα γνώσεων και στοιχείων σε οντότητα με αισθήσεις και ψυχή θα ήταν απλά ατελής. Ωστόσο η δημιουργία ενός βιβλίου χρειάζεται μια πολυάνθρωπη και θαρραλέα υποστήριξη, που μας την παρείχαν απλόχερα οι άνθρωποι της Τοπικής Ένωσης Δήμων και Κοινοτήτων, ο πρόεδρός της Μιχάλης Καραγιάννης, νονός του βιβλίου, ο Γιώργος Καραγκιόζης, η Κατερίνα Μπουμπούκα, ο Δημήτρης Γκέκας και ο Νίκος Καραγιάννης.

Καθώς τα φιλμς και τα σημειωματάρια καταβρόχθιζαν σχήματα που ήθελαν να μοιάζουν στο «είναι» και το «γίγνεσθαι» της γρεβενιώτικης γης, 18 ακόμα μήνες, ολόκληρο το 1996 και το μισό 1997, πέρασαν απνευστί μέσα σε ένα καρποφόρο εναγκαλισμό με τους ανθρώπους και τον τόπο. Όλα έμοιαζαν πιο πυκνά και δροσερά από ποτέ, για λόγους που ξεπήδησαν αυτόβουλα, σαν κρόκοι στο χιόνι, σαν χαρούμενες συναντήσεις με φίλους. Φίλοι παλιοί και νέοι, η Μαρία Θεοδωράκη ο Γιώργος Καρέτσος, ο Χαρίλαος Μπακόλας, ο Γιάννης Μπαλάφας, ο Βαγγέλης Νικόπουλος, ο Χριστόφορος Τολιόπουλος, ο Γιάννης Σιούλης, ο Ιάκωβος Πετσούλας, η Κατερίνα Σωτήρη, ο Κώστας Χρυσάκης, ο Κωνσταντίνος Τσάτας ήρθαν να προσφέρουν τα δώρα τους, οδηγίες για βήματα χορού και περιπλανήσεις σε άλλους χρόνους. Και μαζί με την αγάπη και τη ζεστασιά που μας χάρισαν με άδολη φυσικότητα η Λένα Βέργου και ο Γιώργος Κωνσταντινίδης, όλα μαζί έγιναν ένας χάρτης προσανατολισμού με σημάδια της ψυχής, πιο ασφαλή από τους αστερισμούς του πνεύματος.

Θέλουμε ακόμα να ευχαριστήσουμε αυτούς που συνέβαλαν με διευκολύνσεις, οδηγίες ή ήρθαν μαζί μας να μας δείξουν τις λεπτομέρειες του τόπου, τον Γιώργο Μιχαλογιάννη, τον Χρήστο Σταμπολίδη, τον Γιάννη Παπαδόπουλο, τον Γιώργο Ουζουνίδη, τον δάσκαλο Γιάννη Πέτρου. Ιδιαίτερα θέλουμε να ευχαριστήσουμε τον μελετητή της μυκοχλωρίδας Γιώργο Κωνσταντινίδη για τις πληροφορίες και τις φωτογραφίες πάνω στα μανιτάρια του τόπου. Επίσης, ευχαριστούμε για τη βοήθεια του τον σεβασμιότατο μητροπολίτη Γρεβενών Σέργιο.

Στη φάση της συγγραφής των κειμένων, σπουδαία βιβλιογραφική υποστήριξη προσέφεραν ο Θωμάς Τσιάλτας και οι ερευνήτριες του Κέντρου Νεοελληνικών Ερευνών του Εθνικού Ιδρύματος Ερευνών Χριστίνα-Μαρία Χατζηιωάννου και Ιόλη Βιγκοπούλου. Μετά την πρώτη γραφή του κειμένου, η Ιόλη το διάβασε διεξοδικά και μας έδωσε νηφάλιες και χρήσιμες κατευθύνσεις. Ολοκληρωμένο πλέον, το άμορφο υλικό δουλεύτηκε με μοναδική αγάπη και δεξιοτεχνία από τις εκδόσεις Καπόν. Το αποτέλεσμα βεβαιώνει ότι στο βιβλίο αυτό, ο Μωυσής και η Ραχήλ Καπόν με τους συνεργάτες τους, Ελένη Βαλμά και Πάνο Σταματά, έδωσαν με το παραπάνω την απλόχερη σημασία στη λεπτομέρεια και την αισθητική αρτιότητα που χαρακτηρίζει κάθε δουλειά τους.

Τέλος, παρ' όλο που η συνεργασία μας έσβησε πριν προλάβει να δώσει καρπούς, ποτέ δεν θα ξεχάσουμε το Θανάση Παπαζώτο, που ενώ η ζωή έπαιζε κρυφτό μέσα του, κατάφερε με το μοναδικό του τρόπο να επικυρώσει το όραμά μας.

ΕΝΔΕΙΚΤΙΚΗ ΒΙΒΛΙΟΓΡΑΦΙΑ

Αβραμέα, Α., *Η βυζαντινή Θεσσαλία μέχρι του 1204.* Εθνικό και Καποδιστριακό Πανεπιστήμιο Αθηνών, Φιλοσοφική Σχολή, διατριβή επί διδακτορία. Αθήνα 1974.

Αδαμακόπουλος, Τ., *Η προστασία της φύσης στα πλαίσια του σχεδιασμού. Η περίπτωση της ορεινής Ελλάδας,* Πολυτεχνική Σχολή Ξάνθης, Ξάνθη 1990.

Αδαμακόπουλος, Τ., Ματσούκα, Π., *Μελέτη και Διαχείριση της φύσης και των φυσικών πόρων του όρους Βουνάσα,* Δήμος Δεσκάτης, Δεσκάτη 1991.

Adamakopoulos, T., Matsouka, P., *Conservation Strategy for the Brown Bear in the Northern Pindus, Greece,* WWF - 4519 Final Report, Grevena 1992.

Adamakopoulos, T., Matsouka, P., *Social and land use aspects of bear country in the Pindus, Greece.* Proceedings of the Int. Conf. on Aspects of Bear Conservation, Bursa, Turkey 1995.

Αδαμίδης, Α., *Το Δασύλλιο νομού Γρεβενών,* εκδ. Φιλοπροοδευτικής Ένωσης Δασυλλιωτών Η Αγία Παρασκευή, Θεσσαλονίκη 1989.

Βακαλόπουλος, Κ., *Μακεδονία. Ιστορία του βόρειου Ελληνισμού,* εκδ. Αφοι Κυριακίδη, Θεσσαλονίκη 1992.

Berard, V., 1896. *Τουρκία και Ελληνισμός,* Μτφ. Μ. Λυκούδης, εκδ. Τροχαλία, Αθήνα 1987.

Βλάχος, Α., *Κηπουριό,* Γρεβενά 1995.

Βογιατζή, Σ., *Η μονή Κοιμήσεως Θεοτόκου στο Τουρνίκι Γρεβενών,* σ. 241-255 σε: Δελτίο Χριστιανικής Αρχαιολογικής Εταιρείας, τ. ΙΕ΄, Αθήνα 1991.

Braudel, F., *Η Μεσόγειος. Ο ρόλος του περίγυρου,* ΜΙΕΤ, Αθήνα 1993.

Braudel, F., *Υλικός Πολιτισμός, Οικονομία και Καπιταλισμός,* ΜΙΑΤ, Αθήνα 1995.

Derruau, M., *Ανθρωπογεωγραφία,* ΜΙΕΤ, Αθήνα 1987.

Ενισλείδης, Χ., *Η Πίνδος και τα χωριά της,* Αθήνα 1951.

Ιστορία Ελληνικού Εθνους, τόμοι Η΄-ΙΔ΄, εκδ. Εκδοτική Αθηνών, Αθήνα 1977.

Καλοστύπης, Ι., 1886. *Μακεδονία,* Νεοελληνική Ιστορική Βιβλιοθήκη, εκδ. Ιστορητής, εισαγωγή-σχόλια Θαν. Πυλαρινός, Αθήνα 1993.

Κορδώσης, Μ., *Ιστορικογεωγραφικά πρωτοβυζαντινών και εν γένει παλαιοχριστιανικών χρόνων,* εκδ. Δ.Ν. Καραβίας, Βιβλιοθήκη Ιστορικών Μελετών, Αθήνα 1996.

Κουκουλές, Φ., *Βυζαντινών βίος και πολιτισμός,* τόμοι 6, Collection de l' Institute Français d' Athènes, Αθήνα 1952.

Λαΐου-Θωμαδάκη, Α., *Η αγροτική κοινωνία στην νεώτερη βυζαντινή εποχή,* ΜΙΕΤ, Αθήνα 1987.

Le Corbusier, *Κείμενα για την Ελλάδα. Φωτογραφίες και σχέδια,* εκδ. Άγρα, Αθήνα 1987.

Λυριτζής, Γ., *Ο όσιος Νικάνωρ και το μοναστήρι του,* εκδ. Ιεράς Μητροπόλεως Γρεβενών, Γρεβενά 1995.

Μακρής, Γ., Παπαγεωργίου, Στ., *Το χερσαίο δίκτυο επικοινωνίας στο κράτος του Αλή Πασά Τεπενλή,* εκδ. Παπαζήση, Αθήνα 1990.

Μαντάς, Σπ., *Τα ηπειρώτικα γεφύρια,* εκδ. Τεχνικές Εκδόσεις / Λαϊκό Πολύπτυχο, Αθήνα 1984.

Μαργαρίτης, Γ., *Από την ήττα στην εξέγερση,* εκδ. «ο Πολίτης», Αθήνα 1993.

Μεγάλη Ελληνική Εγκυκλοπαίδεια, εκδ. Πυρσός, Αθήνα 1926-1934

Μπουσχότεν, Ρ., *Ανάποδα χρόνια, συλλογική μνήμη και ιστορία στο Ζιάκα Γρεβενών (1900-1950),* εκδ. Πλέθρον, Αθήνα 1997.

Νιτσιάκος, Β., *Οι ορεινές κοινότητες τις Βόρειας Πίνδου,* εκδ. Πλέθρον, Αθήνα 1995.

Νιτσιάκος, Β., Αράπογλου, Μ. & Λαΐτσος, Στ., (επιμέλεια), *Το Περιβόλι της Πίνδου,* εκδ. Εξωραϊστικός Εκπολιτιστικός Σύλλογος Περιβολίου, Περιβόλι 1995.

Νταϊλιάνης, Β., *Το αντάρτικο στη Δυτική Μακεδονία,* εκδ. Κώδικας, Θεσσαλονίκη 1995.

Ostrogorsky, G., *Ιστορία του Βυζαντινού Κράτους,* (1963), εκδ. Στ. Βασιλόπουλος, Αθήνα 1978.

Pouqueville, F.-C.-H.-L., *Ταξίδι στην Ελλάδα. Τα Ηπειρωτικά,* εκδ. Εταιρεία Ηπειρωτικών Μελετών, Ιωάννινα 1994.

Rice, T.T., *Ο δημόσιος και ιδιωτικός βίος των Βυζαντινών,* εκδ. Παπαδήμα, Αθήνα 1980.

Ristelhueber, R., *Ιστορία των Βαλκανικών λαών,* εκδ. Παπαδήμα, Αθήνα 1995.

Σαμσαρής, Δ., *Ιστορική γεωγραφιά της ρωμαϊκής επαρχίας Μακεδονίας,* Εταιρεία Μακεδονικών Σπουδών, Θεσσαλονίκη 1989.

Σιγάλας, Σ., Μητροπολίτης Γρεβενών, *Ιερά Μονή Οσίου Νικάνορος και το κειμηλιοφυλάκιον αυτής,* εκδ. Ιεράς Μητροπόλεως Γρεβενών, Γρεβενά 1991.

Σιγάλας, Σ., Μητροπολίτης Γρεβενών, *Η εκκλησία των Γρεβενών,* εκδ. Ιεράς Μητροπόλεως Γρεβενών, Γρεβενά 1991.

Σπανός, Κ., *Ιστορικά της Δεσκάτης και της περιοχής της,* σελ. 33-77, σε: Πρακτικά Ιστορικής και Λαογραφικής Ημερίδας Δεσκάτης, εκδ. ΕΜΟΔ, Δεσκάτη 1995.

Sivignon, M., *Η Θεσσαλία,* ΜΙΑΤΕ, Αθήνα 1992.

Stoianovich, T., *Ο κατακτητής ορθόδοξος Βαλκάνιος έμπορος,* σελ. 290-345 σε: *Η οικονομική δομή των Βαλκανικών χωρών (ΙΕ΄ - ΙΘ΄ αιώνας),* επιμέλεια Σπ. Ασδραχά, εκδ. Μέλισσα, Αθήνα 1979.

Sugar, P., *Η Νοτιοανατολική Ευρώπη κάτω από Οθωμανική κυριαρχία (1354-1804),* εκδ. Σμίλη, Αθήνα, 1994.

Τόλιος, Α., *Ιστορικά-Λαογραφικά Αγίου Κοσμά Γρεβενών,* Γρεβενά 1992.

Τσότσος, Γ., *Μακεδονικά γεφύρια,* University Studio Press, Θεσσαλονίκη 1997.

ΥΧΟΠ, *Νομός Γρεβενών: Προτάσεις χωροταξικής οργάνωσης,* Αθήνα 1984.

Χατζηιωάννου, Μ.-Χ., *Η μάχη του Φαρδύκαμπου,* 15νθήμερος Πολίτης, τ. 27, Αθήνα 1996.

Χατζηιωάννου Μ.-Χ., *Η μονή Ζάβορδας και ο οικισμένος χώρος στην κοιλάδα του μέσου Αλιάκμονα* σελ. 541-550 στο *Η Κοζάνη και η περιοχή της,* Πρακτικά Α΄ Συνεδρίου, εκδ. Ινστιτούτο Βιβλίου & Ανάγνωσης, Κοζάνη 1997.

Χατζημιχάλη, Α., *Σαρακατσάνοι,* Αθήνα 1957.

Χρυσάκης, Κ., *Η ψυχαγωγία και η διασκέδαση στην παλιά Δεσκάτη,* σελ. 167-174, σε: Πρακτικά Ιστορικής και Λαογραφικής Ημερίδας Δεσκάτης, εκδ. ΕΜΟΔ, Δεσκάτη 1995.

ΓΛΩΣΣΑΡΙ

ΒΑΛΚΑΝΙΚΕΣ ΠΟΛΕΙΣ

Αχρίδα (Ohrid): πόλη της βόρειας Μακεδονίας, κοντά στην ομώνυμη λίμνη. Υπήρξε έδρα της αυτοκέφαλης αρχιεπισκοπής «Αχριδών και πάσης Βουλγαρίας» που μέχρι τον 18ο αιώνα αποτελούσε αυτοτελές εκκλησιαστικό κέντρο. Μετά τους Βαλκανικούς πολέμους η Αχρίδα περιήλθε στους Σέρβους.

Κορυτσά (Korca): πόλη της Βορείου Ηπείρου, υπαγόμενη στο Αλβανικό κράτος, στο ΝΑ άκρο του ομώνυμου λεκανοπεδίου. Ακμαία πόλη κατά την ύστερη Τουρκοκρατία, αξιόλογο πνευματικό και ιδίως εμπορικό κέντρο. Απελευθερώθηκε από τον ελληνικό στρατό το 1912. Μετά την λήξη του Α΄ Παγκοσμίου πολέμου οι σύμμαχοι την ενέταξαν στο νεοσύστατο, τότε, Αλβανικό κράτος.

Μοναστήρι (Bitola): πόλη της ΒΔ Μακεδονίας που σήμερα ανήκει στο κράτος των Σκοπίων. Βρίσκεται στου ΒΑ πρόποδες του Βαρνούντα και απέχει 13 χμ. από τα ελληνοσκοπιανά σύνορα. Επί Τουρκοκρατίας ήταν έδρα του ομώνυμου βιλαετίου που περιλάμβανε όλη τη δυτική Μακεδονία και τμήματα της Αλβανίας καθώς και του σαντζακίου Μοναστηρίου. Στα τέλη του 18ου αιώνα η πόλη είχε αναπτυχθεί σε σπουδαίο κέντρο της ΒΔ Μακεδονίας, όπου γίνονταν μεγάλες ετήσιες εμποροπανηγύρεις.

Μοσχόπολις (Voskopoja): σήμερα χωριό της Αλβανίας, δυτικά της Κορυτσάς, σε οροπέδιο στα 1240 μέτρα. Υπήρξε σπουδαίο εμπορικό, βιομηχανικό και πνευματικό κέντρο της Βαλκανικής μέχρι τα τέλη του 18ου αιώνα, οπόταν πυρπολήθηκε και λεηλατήθηκε από Τουρκολβανούς.

Περλεπές (Prilep): πόλη του κράτους των Σκοπίων, 41 χμ. ΒΑ του Μοναστηρίου, σε λεκανοπέδιο που περιβάλλεται από βουνά. Ήταν έδρα καζά επί Τουρκοκρατίας. Καταλήφθηκε από τους Σέρβους κατά το Βαλκανικό πόλεμο του 1912.

ΙΣΤΟΡΙΚΟΙ ΟΡΟΙ

Αρματολίκια: γεωγραφικές ενότητες όπου η ασφάλεια είχε ανατεθεί σε αρματολούς (Έλληνες οπλοφόροι της Τουρκοκρατίας). Το αρματολίκι έφερε το όνομα, είτε της περιοχής, είτε του καπετάνιου της ομάδας.

Βαλαάδες: εξισλαμισμένοι Έλληνες στην περίοδο της Τουρκοκρατίας.

Βακούφι: Κληροδότημα που καθιερωνόταν από τη δωρεά γης ή άλλου είδους περιουσίας για να υποστηρίξει οικονομικά ένα κοινωφελές ίδρυμα.

Βιλαέτι: η ανώτατη βαθμίδα της διοικητικής διαίρεσης της Οθωμανικής αυτοκρατορίας. Μετά τον 16ο αιώνα, η νέα ονομασία του μπεηλερμπεηλικίου (επαρχία).

Καζάς: η μικρότερη διοικητική περιφέρεια στην επαρχία. Η περιφέρεια δικαιοδοσίας ενός καδή (ιεροδίκη) στην Οθωμανική αυτοκρατορία.

Σαντζάκι: διοικητική μονάδα της Οθωμανικής αυτοκρατορίας από την ίδρυσή της. Μετά τη θέσπιση των βιλαετίων, τα σαντζάκια ήταν η δεύτερη βαθμίδα της διοικητικής διαίρεσης.

Επαρχία Ανασελίτσας: το παλαιό όνομα της σημερινής επαρχίας Βοΐου του νομού Κοζάνης, με πρωτεύουσα τη Σιάτιστα.

Λειψίστα: το παλαιό όνομα της Νεάπολης του νομού Κοζάνης.

ΟΡΕΙΝΗ ΟΙΚΟΝΟΜΙΑ

Κυρατζής: ο ιδιοκτήτης ή ο οδηγός καραβανιού υποζυγίων, που αναλάμβανε τη μεταφορά εμπορευμάτων. Ο αγωγιάτης. Κυρατζηλίκι, το επάγγελμα του αγωγιάτη.

Μαντάνι: υδροκίνητη μηχανή που χρησιμοποιούνταν στην τελική κατεργασία των μάλλινων υφαντών, χτυπώντας τα με ξύλινα σφυριά ώστε να γίνουν συνεκτικά. Τα σφυριά έπαιρναν κίνηση από υδροκίνητο τροχό με ξύλινα έκκεντρα.

Ντριστέλα (ή νεροτριβή): απλή ξύλινη κατασκευή σε σχήμα χωνιού που χρησιμοποιούνταν στην κατεργασία των μάλλινων υφαντών ή το ετήσιο πλύσιμό τους. Το νερό ερχόμενο με ταχύτητα από ξύλινη χοάνη περιέστρεφε τα υφαντά, που "αφράταιναν" και "έδεναν" καλύτερα.

ΦΥΣΙΚΟ ΠΕΡΙΒΑΛΛΟΝ

Κροκαλοπαγές: κλαστικό ιζηματογενές πέτρωμα του οποίου τα κλαστικά τεμαχίδια είναι αδρομερή και αποστρογγυλωμένα θραύσματα. Συναντάται κατά περιοχές στη μολάσσα.

Μάργα: ιζηματογενές πέτρωμα που συνίσταται από ασβεστίτη και άργιλλο σε ποικίλες αναλογίες. Συναντάται σε μεγάλες ζώνες ανάμεσα στους ψαμμίτες της μολάσσας.

Μολάσσα: η σειρά των κλαστικών πετρωμάτων που σχηματίζονται από την έντονη αποσάθρωση και διάβρωση σε περιοχές ορογένεσης, στη θαλάσσια λεκάνη που βρίσκεται πίσω από την ανυψούμενη περιοχή (οπισθόταφρος). Όλη η μεσαία ζώνη στο νομό Γρεβενών, η λεκάνη δηλαδή ανάμεσα στα βουνά αποτελείται από μολασσικά πετρώματα.

Οφιόλιθοι: πυριγενή ηφαιστειακά πετρώματα που κρυσταλλώνονται στις μεσοωκεάνιες ράχες (υποθαλάσσια) και αποτελούνται από περιοδοτίτες, σερπεντίνες, γάββρους, βασάλτες κ.ά. Το ανατολικό τμήμα του Σμόλικα, ο κύριος όγκος της Βασιλίτσας και του Λύγκου και το μεγαλύτερο μέρος του Βούρινου αποτελούνται από οφιόλιθους.

Πρεμνοφυές δάσος: δάσος που αποτελείται από αναβλαστήματα των πρέμνων (κούτσουρα) τα οποία απομένουν μετά την υλοτομία. Συνιστά και τρόπο διαχείρισης του δάσους και αφορά κυρίως τις δρύες και τις καστανιές και σε μικρότερο βαθμό τις οξιές.

Τεκτονική: ο κλάδος της γεωλογίας που μελετά τον τρόπο και τα αίτια των παραμορφώσεων (πτυχές, ρήγματα κλπ.) των πετρωμάτων του στερεού φλοιού της γης.

Ψαμμίτης: κλαστικό ιζηματογενές πέτρωμα του οποίου τα κλαστικά τεμαχίδια έχουν μέγεθος κόκκων ζάχαρης. Ένα από τα πετρώματα που συναντάται κατά ζώνες μέσα στη μολάσσα.

ΚΑΛΛΙΤΕΧΝΙΚΗ ΕΠΙΜΕΛΕΙΑ: ΡΑΧΗΛ ΜΙΣΔΡΑΧΗ-ΚΑΠΟΝ
ΚΑΛΛΙΤΕΧΝΙΚΟΣ ΣΥΜΒΟΥΛΟΣ: ΜΩΥΣΗΣ ΚΑΠΟΝ

ΦΩΤΟΓΡΑΦΙΕΣ: ΠΗΝΕΛΟΠΗ ΜΑΤΣΟΥΚΑ
ΤΡΙΑΝΤΑΦΥΛΛΟΣ ΑΔΑΜΑΚΟΠΟΥΛΟΣ
ΦΩΤΟΓΡΑΦΙΕΣ 25 & 49: ΓΙΩΡΓΟΣ ΚΩΝΣΤΑΝΤΙΝΙΔΗΣ

ΔΙΟΡΘΩΣΕΙΣ ΚΕΙΜΕΝΩΝ: ΑΝΝΑ ΚΑΡΑΠΑΝΟΥ
ΗΛΕΚΤΡΟΝΙΚΗ ΕΠΕΞΕΡΓΑΣΙΑ ΕΙΚΟΝΩΝ: ΠΑΝΟΣ ΣΤΑΜΑΤΑΣ
ΗΛΕΚΤΡΟΝΙΚΗ ΕΠΕΞΕΡΓΑΣΙΑ ΚΕΙΜΕΝΩΝ: ΕΛΕΝΗ ΒΑΛΜΑ
ΔΙΑΧΩΡΙΣΜΟΙ ΧΡΩΜΑΤΩΝ: GRAFFITI ΕΠΕ
ΜΟΝΤΑΖ: ΓΙΩΡΓΟΣ ΠΑΝΟΠΟΥΛΟΣ
ΕΚΤΥΠΩΣΗ: Α. ΠΕΤΡΟΥΛΑΚΗΣ ΑΒΕΕ
ΒΙΒΛΙΟΔΕΣΙΑ: Γ. ΜΟΥΤΣΗΣ

ΤΥΠΩΘΗΚΕ ΣΕ ΧΑΡΤΙ SCHEUFELEN IMPERIAL GLOSS 150 gr.